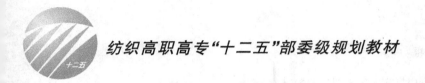

纺织高职高专"十二五"部委级规划教材

现代棉纺技术

常 涛 编著

U0279715

中国纺织出版社

内 容 提 要

　　本书根据纺纱企业实际生产中操作与工艺调整的情况，分为三个模块，即纺纱设备及工艺流程、纺纱工艺的调整、纺纱设备的操作。每个模块下又分为若干任务。全书依照任务驱动思路进行编写，任务设计、工艺调整、设备操作等都来自纺纱企业。

　　本书可作为高职高专院校现代纺织技术专业及相关专业的教材，也可作为纺织中等职业学校、纺织企业的培训教材，同时也可供纺织企业的技术人员参考。

图书在版编目（CIP）数据

现代棉纺技术/常涛编著.—北京：中国纺织出版社，2012.9 （2024.2 重印）

纺织高职高专"十二五"部委级规划教材

ISBN 978 - 7 - 5064 - 8881 - 5

Ⅰ.①现… Ⅱ.①常… Ⅲ.①棉纺织 - 纺织工艺 - 高等职业教育 - 教材 Ⅳ.①TS115

中国版本图书馆 CIP 数据核字（2012）第 165693 号

策划编辑：孔会云　　特约编辑：王文仙　　责任校对：王花妮
责任设计：李　然　　责任印制：何　艳

中国纺织出版社出版发行
地址：北京东直门南大街 6 号　邮政编码：100027
邮购电话：010—64168110　传真：010—64168231
http://www.c-textilep.com
E-mail：faxing@ c-textilep.com
北京虎彩文化传播有限公司印刷　各地新华书店经销
2024 年 2 月第 4 次印刷
开本：787×1092　1/16　印张：14.5
字数：300 千字　定价：36.00 元

《国家中长期教育改革和发展规划纲要》(简称《纲要》)中提出"要大力发展职业教育"。职业教育要"把提高质量作为重点。以服务为宗旨,以就业为导向,推进教育教学改革。实行工学结合、校企合作、顶岗实习的人才培养模式"。为全面贯彻落实《纲要》,中国纺织服装教育学会协同中国纺织出版社,认真组织制订"十二五"部委级教材规划,组织专家对各院校上报的"十二五"规划教材选题进行认真评选,力求使教材出版与教学改革和课程建设发展相适应,并对项目式教学模式的配套教材进行了探索,充分体现职业技能培养的特点。在教材的编写上重视实践和实训环节内容,使教材内容具有以下三个特点:

(1)围绕一个核心——育人目标。根据教育规律和课程设置特点,从培养学生学习兴趣和提高职业技能入手,教材内容围绕生产实际和教学需要展开,形式上力求突出重点,强调实践。附有课程设置指导,并于章首介绍本章知识点、重点、难点及专业技能,章后附形式多样的思考题等,提高教材的可读性,增加学生学习兴趣和自学能力。

(2)突出一个环节——实践环节。教材出版突出高职教育和应用性学科的特点,注重理论与生产实践的结合,有针对性地设置教材内容,增加实践、实验内容,并通过多媒体等形式,直观反映生产实践的最新成果。

(3)实现一个立体——开发立体化教材体系。充分利用现代教育技术手段,构建数字教育资源平台,开发教学课件、音像制品、素材库、试题库等多种立体化的配套教材,以直观的形式和丰富的表达充分展现教学内容。

教材出版是教育发展中的重要组成部分,为出版高质量的教材,出版社严格甄选作者,组织专家评审,并对出版全过程进行跟踪,及时了解教材编写进度、编写质量,力求做到作者权威、编辑专业、审读严格、精品出版。我们愿与院校一起,共同探讨、完善教材出版,不断推出精品教材,以适应我国职业教育的发展要求。

中国纺织出版社

教材出版中心

　　本教材根据高等职业教育的培养目标及相应岗位的职业能力要求,为了满足高等职业院校现代纺织技术专业高端技能型人才培养需要,强调学生知识、能力、素质的共同培养,按照任务趋动、工作过程系统化进行编写。任务设计、工艺调整、设备操作等都来自纺纱企业。

　　本教材以典型任务为载体,通过"任务引入"、"任务分析"、"相关知识"、"任务实施"等环节,既再现了工作岗位的实际情境,又将理论知识的学习和实践操作融为一体,也符合学生的认知规律。

　　本教材尽可能多地采用图片、表格以及操作流程,激发学生的学习兴趣和操作热情,从而达到好教易学的目的。

　　通过本课程的学习,使学生具备根据产品工艺单进行设备工艺调整的能力,选定设备、工艺流程的能力,熟练进行设备使用、操作的技能;提高学生的计划能力、创造能力、工作主动性及独立获取信息方法的能力;促进学生的交往能力、协作能力以及对技术构成理解力的形成。本课程对学生职业能力培养和职业素养的养成能起到主要支撑或明显促进作用。

　　本教材的配套课件、动画、录像等教学资源发布在"现代棉纺技术"精品课程网站(http://112.230.250.179:8080/)。

　　教材在编写过程中得到了鲁泰纺织股份有限公司的大力支持,提供了大量的技术资料,在此表示诚挚的谢意! 同时,恳请广大读者对教材提出宝贵的意见和建议,以便修订时加以完善。

编著者

2012 年 5 月

目录

模块一　纺纱设备及工艺流程

任务1　原料的排列

● 学习目标 ●

1. 熟悉纺制纯棉纱所用原料的种类。
2. 熟练掌握原棉配棉的方法。
3. 根据排包图进行棉包的排列。

任务引入

客户需要 9.8tex 纯棉精梳纱,如图 1 - 1 - 1 所示。根据纺纱工艺的设计,进行纯棉纱的纺制。

任务分析

客户需要的是纯棉精梳纱,根据纺纱工艺的设计,自棉仓中把棉包运送到开清棉车间,静止 24h 后,按照排包图进行棉包的排列。

相关知识

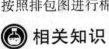

图 1 - 1 - 1　精梳纱

一、纺制纯棉纱所用原料的种类

纺制纯棉纱的原料主要有原棉与彩棉,其具体特点和用途见表 1 - 1 - 1。

表 1 - 1 - 1　原棉的品种、特点及用途

原棉品种		规格参数		适纺品种	产　地
		手扯长度(mm)	马克隆值		
原棉	细绒棉	25 ~ 32	3.4 ~ 5.0	10tex 以上纯棉纱,或与棉型化纤混纺	中国
	长绒棉	35 ~ 45	3.0 ~ 3.8	10tex 以下纯棉纱,或特种工业用纱,或与化纤混纺	非洲,中国新疆、云南

续表

原棉品种		规格参数		适纺品种	产　地
		手扯长度（mm）	马克隆值		
原棉	中绒棉	32～35	3.7～5.0	可用于纺织企业生产7～10tex纱	中国新疆
彩棉	棕棉	26～28	3.4～4.2	10tex以上彩棉纱	中国四川、湖南、甘肃、新疆
	绿棉	24～27	2.5～2.8		

二、纤维包的上机排列

1. 圆盘式抓包机纤维包排列

圆盘式抓包机纤维包排列台是相对于抓包机转台的圆环,如图 1－1－2 所示。由于抓取打

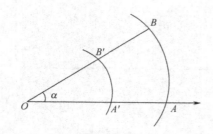

图 1－1－2　圆盘式抓包机抓取纤维的过程

手绕中心做旋转运动时,在指定的一个旋转角度 α 内,中心内环弧长 A′B′ 较外环的 AB 短。因此,圆盘式抓包机打手抓取置于内环的一包纤维时,可同时抓取外环多包纤维,即置于内环的一包纤维可以均匀地混和到外环的多包纤维中。

按这个原理,排列纤维包时,少数包原料置于内环,而多包原料置于外环,各种原料沿着其放置层圈圆周均匀分布。这样就确保了抓取纤维的打手在抓取混和时,各种纤维混和的充分性与均匀性。

2. 往复式抓包机纤维包排列

往复式抓包机抓取纤维时,在两纤维包排列头尾会出现重复抓取现象。打手抓取纤维采用窄带直线式抓取,故虽无需像圆盘式抓包机上纤维包排列那样麻烦,但必须考虑打手抓取的重复性。

按打手往复抓取的纤维顺序,将各纤维包绘制在一个圆圈内,如果各种原料沿着圆周排列是均匀的,则可以认为,此种纤维包排列是合理的。实际操作时,先绘制一个圆圈,然后画一水平线平分圆周,接着将所需排列的各种纤维包排在上半圆周,后将上半周的各种纤维包对称于水平线画在下半圆周上,其整个圆周上各种原料的纤维包与打手往复抓取各种纤维原料一次的情况相同,如图 1－1－3 所示。因此在整个圆周上,各种成分的纤维包沿圆周排列是均匀分散的话,纤维包排列是极其合理的。

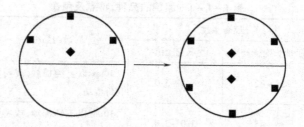

图 1－1－3　往复式抓包机纤维包排列示意图

任务实施

一、纤维包排包图

纤维包的上机排包图如图1-1-4所示。

二、棉包的上机排列

根据上机排包图,1队排3包、2队排4包、3队6包、4队排7包,共计20包。

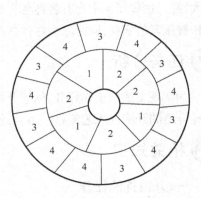

图1-1-4 纤维包上机排包图

在圆盘式抓包机上,纤维包在内、外墙板间排列成内、外两环。按照由内至外的原则进行棉包的排列。另外,棉包的松紧、高低要一致,上包操作过程中,要做到削高嵌缝,平面看齐,回花、再用棉分散嵌在各个棉包,有条件最好打包后使用。

考核评价

表1-1-2 考核评分表

考核项目	分 值		得 分
按排包图进行排包	60(按照要求排列,棉包排错位置,1包扣5分)		
棉包平面看齐	20(按照要求削高嵌缝,有不平处,1处扣4分)		
回花、再用棉排布	20(按照要求分散嵌包,过度集中扣5分)		
姓 名	班 级	学 号	总得分

思考与练习

观察、协助排包工按照排包上机图进行排包。

任务2 开清棉生产设备及其工艺流程

● 学习目标 ●

1. 能认知开清棉设备型号;
2. 能认知开清棉设备的机构组成;
3. 能熟练写出开清棉工艺流程。

任务引入

客户需要的纯棉纱,纺纱用的原料是原棉,大多以压紧成包的形式运进纺纱厂,原料包的密度较大,并且这些原料中含有各种各样的杂质、疵点。为了纺纱的顺利进行,并获得优质的纱线,需要松解压紧的原料,同时除去各种杂质、疵点。需要何种设备才能松解原料并除去杂质、疵点?

🎯 任务分析

为实现上述的工作任务,认识开清棉是必然的选择,然后根据设计纱线所选配的原料性能而选择合适的开清棉工艺流程。因此,松解原料必须对开清棉设备及工艺流程有一个充分的了解。

🧪 相关知识

一、开清棉的任务

1. 开松

把压紧的棉包中的棉块松解成较松散的小棉束,并尽量减少松解时对纤维的损伤和杂质的碎裂。

2. 除杂

清除原棉中的大部分杂质、疵点及部分短绒,并尽量减少长纤维的排除。

3. 混和

使各种成分的原料初步混和。

4. 成卷

制成符合一定规格和质量要求的卷装。

二、开清棉工艺流程

开清棉应遵循精细抓取、多组取用、均匀混合、渐进开松、早落少碎、少伤纤维的原则。开清棉是一套通过一系列单台开清棉机台完成原料加工的机组。

1. 郑州宏大纺织机械有限公司提供的开清棉机组

FA002A 型圆盘抓棉机×2 台(并联)→FA121 型除金属杂质装置→FA103 型双轴流开棉机→FA022 – 6 型多仓混棉机→FA106 型豪猪式开棉机→FA106 型豪猪式开棉机→A062 型电器配棉器(2 路)→FA046A 型振动式棉箱给棉机(2 台)→FA141A 型单打手成卷机(2 台)

2. 青岛宏大纺织机械有限公司提供的开清棉机组

FA1001 型圆盘抓包机×2 台(并联)→FT245F(B)型输棉风机→AMP – 2000 型火星金属探除器→FT213A 型三通摇板阀→FT215B 型微尘分流器→FA125 型重物分离器→FT240F 型输棉风机→FA105A 型单轴流开棉机→FA029 型多仓混棉机→FA1112 型精开棉机(FT201B 型输棉风机)→FT221A(B)型两路分配器→FA1131 型振动给棉机×2 台→FA1141 型成卷机×2 台

三、开清棉机械的分类

1. 抓棉机械

抓棉机械是从纤维包中抓取原料喂给下一机台的一种机械,具有开松和混和作用,如抓棉机等。

2. 混棉机械

混棉机械是将送入本机的原料充分混和的一种机械,它同时具有一定的扯松和除杂作用,如多仓混棉机等。

3. 开棉机械

开棉机械是采用打手机件对原料进一步开松并除去大部分杂质的一种机械,如豪猪式开棉机、轴流开棉机等。

4. 给棉机械

给棉机械靠近成卷机,是以均匀给棉为主并有一定扯松、混和与除杂作用的一种机械,如双棉箱给棉机等。

5. 成卷机械

成卷机械是采用打手机件和均匀机构对原料进行较细微开松和除杂,并制成较均匀的纤维卷的一种机械,如单打手成卷机等。

四、抓棉机的机构及工艺流程

1. FA002A、FA1001 型环行式抓棉机的机构

FA002A 型环行式抓棉机适于加工棉、棉型纤维和中长化纤。主要由抓棉小车、内圈墙板、外圈墙板、伸缩管、地轨等机件组成,如图 1-2-1、图 1-2-2 所示。

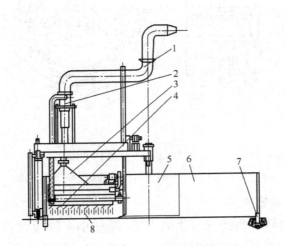

图 1-2-1 FA002A 型环行式自动抓棉机

1—输棉管道 2—伸缩管 3—抓棉小车 4—抓棉打手 5—内圈墙板
6—外圈墙板 7—地轨 8—肋条

抓棉小车包括打手、肋条等机件。抓棉打手的机构如图 1-2-3 所示,它包括锯齿形刀片、隔盘、打手轴和锯齿圆盘。锯齿形刀片沿打手轴由内向外分为三组,刀片齿数依次增多,第一组为 9 齿,第二组为 12 齿,第三组为 15 齿,以确保抓取的纤维块大小差异小。锯齿刀片的刀尖角为 60°,对原料的抓取角(刀片工作面与刀片顶点和打手中心连线之间的夹角)为 10°。

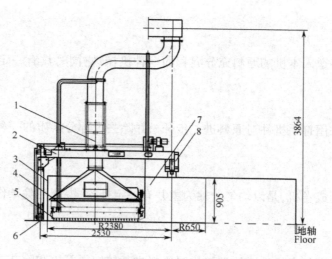

图 1 - 2 - 2　FA1001 型环式行自动抓棉机
1—伸缩管　2—小车支架　3—外圈墙板　4—打手墙板　5—打手
6—地轨　7—内圈墙板　8—滑环

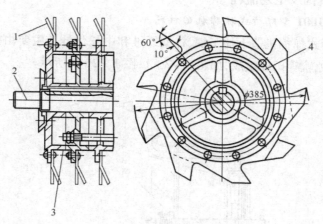

图 1 - 2 - 3　抓棉打手
1—锯齿形刀片　2—打手轴　3—隔盘　4—锯齿圆盘

2. 环行式抓棉机的工艺流程

　　纤维包放在圆形地轨内侧抓棉打手的下方,抓棉小车沿地轨作顺时针环行回转,它的运行和停止由前方机台棉箱内光电管控制。当前方机台需要纤维时,小车运行,前方机台不需要纤维时,小车就停止运行,以保证均匀供给。同时,小车每回转一周,打手间歇下降一定距离 Δh。由齿轮减速电动机通过链轮、链条、4 只螺母、4 根丝杆传动。小车运行到上、下极限位置时,受限位开关的控制。抓棉小车运行时,抓棉打手同时作高速回转,借助肋条紧压棉包表面,锯齿刀片自肋条间隙均匀地抓取棉块,抓取的棉块经可伸缩的垂直输棉管,由前方机台凝棉器风扇或输棉风机所产生的气流吸走,通过输棉管道送入前方机台内。

3. 环行式抓棉机的作用

抓棉机具有抓取与开松和混和的作用。抓取是通过肋条的紧压作用借助于打手锯齿的抓取作用来实现棉块分离的。混和作用是指抓棉装置抓取一层纤维时，是按照配棉比例抓取混和棉，并且由气流输送给前方机台，实现不同原棉的混和。

五、混棉机械的机构与工艺流程

混棉机械有较大的棉箱对原料进行混和，并用角钉机件扯松原料。

1. FA022 型多仓混棉机的机构和工艺流程

FA022 型多仓混棉机适用于各种原棉、棉型化纤和中长化纤的混和，有 6 仓、8 仓、10 仓之分，它利用多个混棉仓，以棉流不同时喂入而同时并列输出达到混目的。

（1）FA022 型多仓混棉机的机构　该机构由输棉风机、配棉道、储棉仓、输棉罗拉、打手、混棉道、出棉管、回风道、气动和电气控制等机构组成，如图 1-2-4 所示。

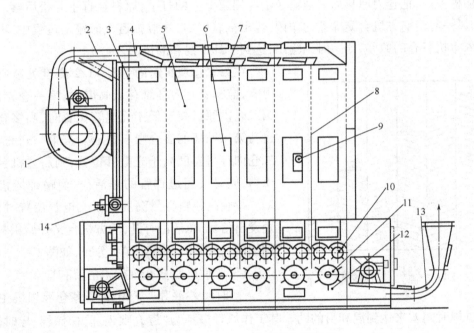

图 1-2-4　FA022-6 型多仓混棉机

1—输棉风机　2—进棉管　3—回风道　4—配棉道　5—储棉仓　6—观察窗　7—挡板活门　8—隔板
9—光电管　10—输棉罗拉　11—打手　12—混棉道　13—出棉管　14—电动和电气控制机构

打手为六翼齿形钢板形式，筒体呈六翼角形（图 1-2-5）。六叶齿形钢板相邻两叶的齿顶和齿根交错排列，分散了齿顶对原料的打击点。

（2）FA022 型多仓混棉机的工艺流程　输棉风机抽吸了后方机台的原料，经进棉管进入配棉道，顺次喂入各储棉仓。除第一仓外，各仓顶部均有挡板活门，前后隔板的上半部分均有网眼小孔隔板。当空气带着纤维进入储棉仓后，纤维凝聚在网孔板内，空气从小孔逸出，经配棉风道两侧的回风道进入下部混棉道，实现纤气分离。仓外安装有压差开关，检测仓内相对机外的空

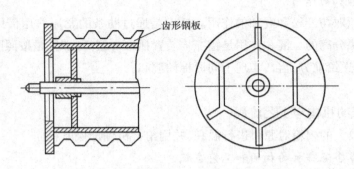

图 1 - 2 - 5　开松打手

气压差,当其值超过设定值时,则控制气电转换器,使挡板活门翻转,实现换仓输入。随仓内储料的不断增高,网眼小孔被纤维遮住,有效透气面积逐渐减小,空气压力逐步增高。各仓底部均有一对输棉罗拉,把仓内原料均匀地输送给混棉道上方的打手,原料经打手开松后落入混棉道内,与回风一起受前方机台凝棉器的作用,经出棉管吸走,在混棉道气流输送过程中,不同时间先后喂入本机各仓的原料,同一时刻输出,达到了纤维混和的目的。

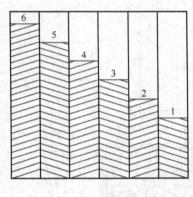

图 1 - 2 - 6　储棉高度

在第二仓观察窗的 1/3 ~ 1/2 高度处装有一对光电管,监视着仓内纤维存量高度,当第一仓充满时,若第二仓内原料高度低于光电管位置时,则多仓混棉机进行第二循环的逐仓喂料过程。若第一仓充满时,第二仓内存料高度高于光电管位置,则后方机台就停止供料,同时关闭进棉管的总活门,但输棉风机仍然转动。待仓内原料存量高度低于光电管位置时,光电装置发出信号,总活门打开,后方机台又开始供料。各仓储棉的高度始终保持阶梯状分布,如图 1 - 2 - 6 所示。

(3)FA022 型多仓混棉机的混和特点

① 时间差混和　FA022 型多仓混棉机主要是依靠各仓进棉时间差来达到混和目的。其工作原理概括为"逐仓喂入、阶梯储棉、异时输入、同时输出、多仓混和",即不同时间先后喂入本机各仓的原料,在同一时刻输出,以达到各种纤维混和的目的。

②大容量混和　FA022 型多仓混棉机的容量为 440 ~ 600kg,混和片段较长,是高效能的混和机械。为了增大多仓混棉机的容量,除了增加仓位数外,FA022 型多仓混棉机还采用了正压气流配棉,气流在仓内形成正压,使仓内储棉密度提高,储棉量增大。

2. FA029 型多仓混棉机

(1)FA029 型多仓混棉机的机构:该机构由输棉风机、输棉管道、储棉仓、水平帘、角钉帘、混棉室、均棉罗拉、剥棉打手、回风道、气动和电气控制等机构组成。

(2)FA029 型多仓混棉机的工艺流程:棉流经喂入风机由输入管道同时均匀配入 6 只并列

垂直的棉仓内,气流由网眼板排出。六仓中的棉层落到水平帘上,并经给棉辊转过 90°呈水平方向输出,继而受到角钉帘的扯松,均棉辊将过多的原料击回混棉室再次进行混和,角钉帘带出的更小的棉束由剥棉打手剥取而落下,在输出风机的强力吹送下,经输出管道喂入下道机器,如图 1 - 2 - 7 所示。

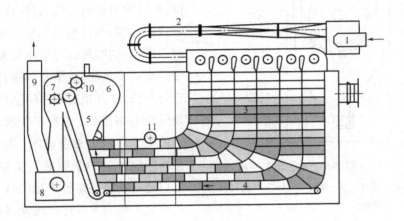

图 1 - 2 - 7　FA029 型多仓混棉机

1—喂入风机　2—输入管道　3—储棉仓　4—水平帘　5—角钉帘　6—混棉室
7—剥棉打手　8—输出风机　9—输出管道　10—均棉辊　11—给棉辊

3. 多仓混棉机的作用

(1)混和作用:FA022 型多仓混棉机以各仓不同时喂入而在仓底同时输出所形成的时间差来实现混和作用,这种混和方式称为时差混和。FA029 型多仓混棉机是以设计的仓间路程差为基础,对各仓同时喂入、不同时输出来达到混和作用,这种混和方式称为程差混和。

(2)开松作用:FA022 型多仓混棉机的开松作用产生在各仓的底部,即用一对输棉罗拉握持原料,并用打手打击开松。FA029 型多仓混棉机的开松作用产生在储棉箱内,即利用角钉帘的抓取、均棉罗拉的扯松、剥棉打手的打击产生开松作用。

六、开棉机械的机构与工艺流程

开棉机械的共同特点是利用打手对纤维块进行打击,实现更进一步的开松和除杂。开棉机械的打击方式有两种,一种为原料在非握持状态下经受打击,称为自由打击,如多滚筒开棉机、轴流开棉机等;另一种为原料在握持状态下经受打击,称为握持打击,如豪猪式开棉机等。打手形式有刀片式、梳针式、锯齿式。梳针式打手对纤维作用缓和,纤维损伤小,但产量低,适用于化纤加工。刀片式打手对纤维作用居中,适用于所有开棉机。锯齿式打手对纤维作用强烈,纤维损伤严重,适用于豪猪式开棉机。采用强力除尘机清除纤维中的微尘。在开清棉联合机的排列组合中,一般先安排自由打击的开棉机,再安排握持打击的开棉机,按粗、细、精循序渐进。

1. FA105A 型单轴流开棉机

FA105A 型单轴流开棉机适用于各种等级原棉的处理,是一台高效的预清棉设备。

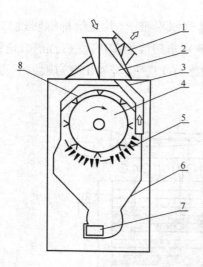

图1-2-8　FA105A型单轴流开棉机

1—出棉管　2—进棉口　3—排尘口　4—V形角钉打手
5—尘棒　6—落棉小车　7—吸落棉出口　8—导流板

（1）FA105A型单轴流开棉机的机构组成：该开棉机由角钉打手、尘格、导流板等机构组成，如图1-2-8所示。

（2）FA105A型单轴流开棉机的工艺流程：纤维块由进棉口进入，经排尘口排除微尘后，随滚筒的回转和导流板引导，以螺旋线绕滚筒运动，这时角钉与尘棒反复作用纤维块，使其受到多次均匀、柔和的弹打，纤维块得到充分开松，在开松过程中将杂质与纤维分离，杂质经尘棒排除，完成开松除杂。纤维块回转两周半后沿出棉管输出（图1-2-9），经尘棒间隙排除的杂质落入尘箱中，由吸落棉出口经自动吸落系统排出机外。单轴流开棉机在自由状态下开松纤维块，纤维损伤较少，其除杂效率在27%左右（当原棉含杂为2%~2.5%时）。

杂质不易被打碎。开棉机配置在抓棉机与混棉机之间，其除杂效率在27%左右（当原棉含杂为2%~2.5%时）。

（3）单轴流开棉机的作用：该机主要起开松作用，发生在角钉打手的自由打击、打手与尘棒之间、打手与螺旋导流板之间反复碰撞撕扯，边前进边开松，边开松边除杂，故开松充分，除杂面积大。具有高效而柔和的开松除杂作用，有利于大杂早落、少碎，对纤维损伤小，能避免增加短绒。

2.FA103型双滚筒轴流式开棉机

FA103型双滚筒轴流式开棉机适用于加工各种等级的原棉及棉型化纤，一般安装在抓棉机与混棉机之间。

棉流由进棉口输入，在轴向气流的作用下

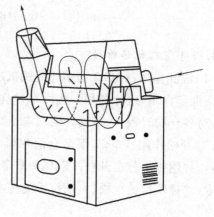

图1-2-9　FA105A型单轴流开棉机
棉流的流动

沿双角钉打手做螺旋线轴向运动，经过两个角钉打手的反复作用，从另一侧的出棉口输出。两只角钉打手平行排列，回转方向相同，纤维流经两角钉打手的自由打击，反复翻转，棉块逐渐变小，顺序沿导向板平行于轴向输出。杂质则通过可调尘棒间隙落入尘箱，由排杂打手经自动吸落系统排出机外，如图1-2-10所示。

3.FA106型豪猪式开棉机

适用于对各种原棉做进一步的握持开松和除杂。

（1）FA106型豪猪式开棉机的机构：该机构由凝棉器、储棉箱、调节板、光电管、木集束辊、给棉辊、豪猪打手、尘格等机件组成（图1-2-11）。

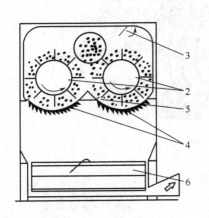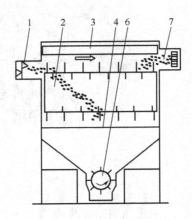

图 1 - 2 - 10 FA103 型双辊筒轴流式开棉机

1—进棉口 2—双角钉打手 3,5—导向板 4—尘格 6—排杂打手 7—出棉口

豪猪式打手的结构如图 1 - 2 - 12 所示,打手轴上装有 19 个圆盘,每个圆盘上装有 12 片矩形刀片,刀片厚 6mm。为使刀片对纤维层整个横向都能打击 1~2 次,所以每个圆盘上的 12 把刀片不都与圆盘在一个平面上,而是以不同的距离向圆盘的两侧弯曲。图 1 - 2 - 12(c)中数字表示每把刀片距圆盘表面的距离,单位为 mm。

(2)FA106 型豪猪式开棉机的工艺流程:原棉由凝棉器喂入储棉箱,储棉箱内装有调节板、光电管,调节板可调节储棉箱输出棉层的厚度,光电管可根据箱内原料的充满程度控制喂入机台对本机的供料,使棉箱内的原料保持一定的高度。棉箱下方设有一对上给棉辊和一对下给棉辊,棉层由下给棉辊握持垂直喂入打手室,受到高速回转的豪猪打手的猛烈打击、分割、撕扯,被打手撕下的棉块,沿打手圆弧的切线方向撞击在三角形尘棒上,在打手与尘棒的共同作用以及气流的配合下,棉块获得进一步的开松与除杂,受下一机台凝棉器吸引,由出棉管输出。杂质由尘棒间隙排落在车肚底部的输杂帘上输出机外,或与吸落棉系统相接收集处理。

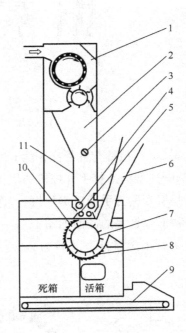

图 1 - 2 - 11 FA106 型豪猪式开棉机

1—凝棉器 2—储棉箱 3—光电管 4—上给棉辊 5—给棉辊 6—出棉管 7—豪猪打手 8—尘格 9—输杂帘 10—打手室 11—调节板

FA106A 型梳针辊筒开棉机的机构和工艺流程基本与 FA106 型豪猪式开棉机相同,其主要特征是将豪猪打手换成梳针辊筒,主要用于加工棉型化纤。梳针辊筒由 14 块梳针板组成,梳针

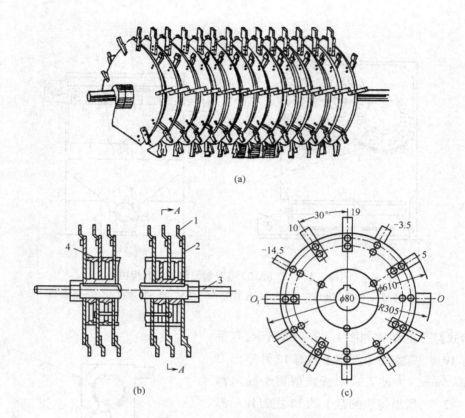

图 1 - 2 - 12　豪猪打手的结构

1—刀片　2—刀片盘　3—打手轴　4—刀片隔盘

直径为 3.5mm,梳针与针板夹角为 65°,运转时梳针刺入纤维丛内部进行梳理和开松。

　　FA106B 型锯片打手开棉机的机构和工艺流程也基本与 FA106 型豪猪式开棉机相同,其主要特征是将豪猪打手换成锯片打手,作用更细致,用于加工各种等级的原棉。

　　各种形式打手的截面如图 1 - 2 - 13 所示。图中(a)为刀片式的豪猪打手,(b)为全梳针滚筒,(c)为锯齿滚筒打手,(d)为鼻形打手。

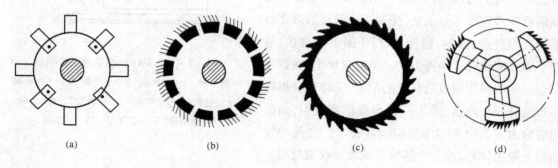

图 1 - 2 - 13　打手形式

（3）FA106 型豪猪式开棉机的作用：该机主要起开松作用，是发生在给棉辊握持状态下的豪猪打手的强烈握持打击、打手与尘棒之间的反复碰撞撕扯，开松强烈、充分，除杂较多。但对纤维损伤较大，短绒量增加。

4. FA1112 型精开棉机

FA1112 型精开棉机适用于对经过初步开松的原棉及化纤做进一步的握持开松、分梳及除杂。

（1）FA1112 型精开棉机的机构：该机构由凝棉器、上棉箱、调节板、光电管、给棉辊、梳针打手、尘格、输棉管道等机件组成，如图 1 - 2 - 14 所示。

（2）FA1112 型精开棉机的工艺流程：原棉由凝棉器喂入上棉箱，上棉箱内装有调节板、光电管，调节板可调节上棉箱输出棉层的厚度，光电管可根据箱内原料的充满程度控制喂入机台对本机的供料，使棉箱内的原料保持一定的高度。棉箱下方设有上给棉辊和下给棉辊，棉层由下给棉辊

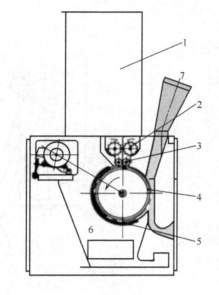

图 1 - 2 - 14　FA1112 型精开棉机
1—上棉箱　2—上给棉辊　3—下给棉辊　4—梳针打手
5—尘棒　6—尘箱　7—出棉管道

握持垂直喂入打手室，受到高速回转的梳针打手的打击、分梳、撕扯，被打手撕下的棉块，沿打手圆弧的切线方向撞击在三角形尘棒上，在打手与尘棒的共同作用以及气流的配合下，棉块获得进一步的开松与除杂，受下一机台凝棉器吸引，由出棉管输出。杂质由尘棒间隙排落在尘箱中，然后由滤尘系统收集处理。

七、给棉机械的机构与工艺流程

给棉机械的主要作用是均匀给棉，并具有一定的混棉和扯松作用。给棉机械在流程中靠近成卷机，以便保证棉卷定量，提高棉卷均匀度。

1. FA046A 型振动式给棉机

（1）FA046A 型振动式给棉机的机构：该机构由储棉箱、角钉辊、水平帘、角钉帘、均棉辊、角钉打手、出棉辊和振动棉箱等机件组成，如图 1 - 2 - 15 所示。

（2）FA046A 型振动式给棉机的工艺流程：纤维流经凝棉器进入后储棉箱，储棉量的多少由光电管控制。棉箱下部一对角钉辊将原料送出落在水平帘上，水平帘再将原料带至中储棉箱，由角钉帘抓取、拖带并与均棉辊进行撕扯开松。中储棉箱的储棉量由摇板控制角钉辊的转动与停止而保持稳定。角钉帘上的原料由角钉打手剥取并均匀地喂入振动棉箱。振动棉箱内包括振动板、光电管和出棉辊。光电管控制振动棉箱内棉量的稳定。振动板的振动，使振动棉箱内的原料密度增大，输出棉层均匀。

（3）FA046A 型振动式给棉机的作用：该机主要起均匀作用，储棉箱、振动棉箱中的光电管及中储棉箱中的摇板对棉量进行控制，振动棉箱中振动板的振动使原料密度获得均匀效果。

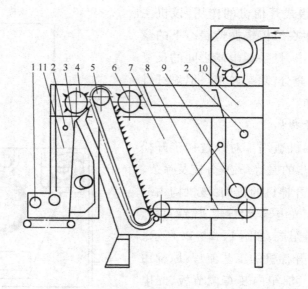

图 1 - 2 - 15　FA046A 型振动式给棉机

1—出棉辊　2—光电管　3—振动板　4—角钉打手　5—角钉帘　6—均棉辊

7—中储棉箱　8—水平帘　9—角钉辊　10—后储棉箱　11—振动棉箱

2. FA1131 型振动棉箱给棉机

FA1131 型振动棉箱给棉机适用于 76mm 以下的各种等级原棉或棉型化纤的均匀喂给。可将纤维分离器(或凝棉器)送来的纤维进一步开松混和,并获得较好的均匀效果。

(1)FA1131 型振动棉箱给棉机的机构:该机构由储棉箱、输入辊、输棉帘、角钉帘、均棉辊、剥棉打手、输出辊和振动棉箱等机件组成,如图 1 - 2 - 16 所示。

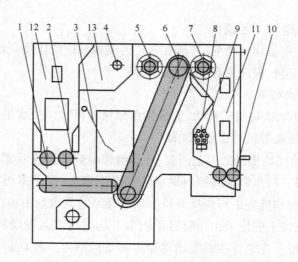

图 1 - 2 - 16　FA1131 型振动棉箱给棉机

1—输入辊　2—输棉帘　3—摇板　4—均剥棉电动机　5—均棉打手　6—角钉帘　7—剥棉打手

8—振动帘　9—振动电动机　10—输出辊　11—振动棉箱　12—后储棉箱　13—中储棉箱

（2）FA1131 型振动棉箱给棉机的工艺流程：纤维流进入后储棉箱，储棉量的多少由光电管控制。棉箱下部一对输入辊将原料送出落在输棉帘上，输棉帘再将原料带至中储棉箱，由角钉帘抓取、拖带并与均棉打手进行撕扯开松。中储棉箱的储棉量由摇板控制输入辊的转动与停止而保持稳定。角钉帘上的原料由剥棉打手剥取并均匀地喂入振动棉箱。振动棉箱内包括振动帘、光电管和输出辊。光电管控制振动棉箱内棉量的稳定。振动帘的振动，使振动棉箱内的原料密度增大，输出棉层均匀。

八、成卷机械的机构与工艺流程

原料经给棉机械加工后，已达到一定程度的开松与混和，一些较大的杂质已被清除，但尚有相当数量的棉籽、不孕籽、籽屑和短纤维等需经过成卷机械做进一步的开松与清除，并均匀成卷。

1. 成卷机械的作用

（1）继续开松、均匀、混和原料。

（2）继续清除叶屑、破籽、不孕籽等杂质和部分短纤维。

（3）控制和提高棉层纵、横向的均匀度，制成一定规格的棉卷或棉层。

2. 单打手成卷机的工艺流程

原料由振动板双棉箱给棉机输出后，均匀地喂在输棉帘上，经角钉辊引导，在天平辊和天平曲杆的握持下，接受高速回转综合打手的打击、撕扯、分割和梳理作用，纤维抛向尘格，部分杂质落入尘箱。纤维块凝聚在回转的尘笼表面，形成纤维层，同时细小尘杂和短绒透过尘笼网眼而被排除。在剥棉辊引导下，经防粘辊、紧压辊、导棉辊后，在棉卷辊上摩擦成卷，如图 1 - 2 - 17 和图 1 - 2 - 18 所示。

3. 单打手成卷机的机构

单打手成卷机包括开松除杂机构、均匀机构和成卷机构。

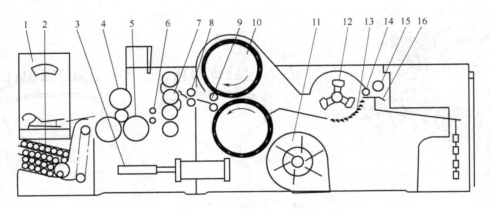

图 1 - 2 - 17　FA141A 型单打手成卷机

1—棉卷称　2—存放扦装置　3—渐增加压装置　4—压卷辊　5—棉卷辊　6—导棉辊

7—紧压辊　8—防粘辊　9—剥棉辊　10—尘笼　11—风机　12—综合打手

13—尘格　14—天平辊　15—角钉辊　16—天平曲杆

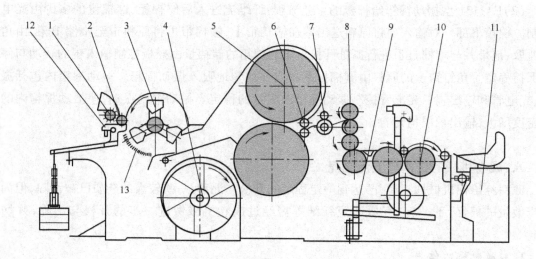

图1-2-18　FA1141型单打手成卷机

1—角钉辊　2—天平辊　3—综合打手　4—风机　5—尘笼　6—剥棉辊　7—防粘辊　8—紧压辊
9—渐增加压机构　10—棉卷辊　11—拔辊小车及电子秤　12—天平曲杆　13—尘格

（1）开松除杂机构和作用：开松除杂机构由天平罗拉、综合打手和尘棒等组成。开松、除杂作用主要发生在打手与天平罗拉、打手与尘棒之间。

综合打手由翼式打手和梳针打手发展而来，其结构如图1-2-19（a）所示。每翼打手臂上，刀片在前，梳针在后，其作用兼有翼式打手和梳针打手的特点。刀片作用角为70°，梳针直径为3.2mm，梳针倾角为20°，梳针密度为1.42枚/cm²。梳针长度从头排至末排依次递增，以逐步加强对纤维层的梳理作用。刀片可以根据工艺要求拆装和更换梳针护板，即改成梳针打手使用，如图1-2-19（b）所示。综合打手作用较缓和，杂质破裂较少，并能清除部分细小杂质。在加工含杂率为3%～4%的原棉时，除杂效率可达5%～7%。

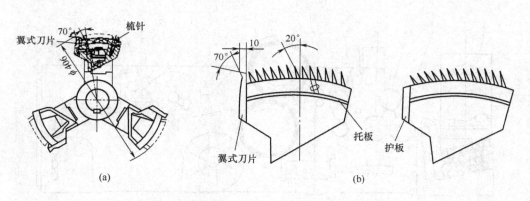

图1-2-19　综合打手

综合打手下方约1/4圆周外装有由尘棒组成的尘格，尘棒之间的隔距用机外手轮调节。

（2）均匀机构和作用：清棉机的产品要达到一定的均匀要求，必须对纤维层的纵、横向均匀度加以控制。产品均匀在开清棉联合机中是逐步完成的,FAl41A 型单打手成卷机的均匀机构主要包括天平调节装置和尘笼。

①天平调节装置的机构和作用:天平调节装置的工作原理是根据喂入纤维层厚薄的变化,调节给棉速度,使单位时间内喂入打手室的棉量保持恒定。

天平调节装置由纤维层检测、纤维层平均厚度求解、判断和变速调整等机构组成,如图 1 - 2 - 20 所示。

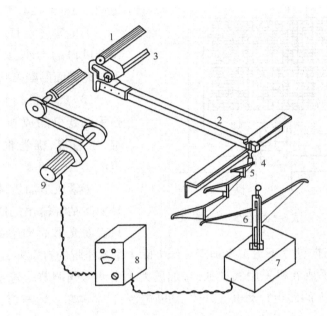

图 1 - 2 - 20　SYH301 型自调匀整装置
1—天平辊　2—天平杆　3—支架　4—连杆　5—双臂杠杆　6—总连杆
7—位移传感器　8—匀整仪　9—天平辊调速电动机

SYH301 型自调匀整装置 16 根天平杆各自与天平辊组成纤维层检测机构,测出纤维层厚度,通过连杆系统求出纤维层总的平均厚度。天平辊中心固定,天平杆以刀口支架为支点可上下摆动,由于棉层横向各处厚度不同,故每根天平杆尾端的升降动程不同。每一天平杆的尾端各悬一连杆,两个相邻连杆用双臂杠杆连接,双臂杠杆的中点悬一铁环,两个邻近的铁环再由双臂杠杆连接,依次类推。将 16 根天平杆各自的摆动量合成为 8 个双臂杠杆的摆动量,8 个双臂杠杆各自的摆动量再合成为 4 个双臂杠杆的摆动量,进而四合成二,最后合成到总连杆上。总连杆下部装有高精度的位移传感器采集天平辊钳口纤维层平均厚度的信号,匀整仪判断天平辊钳口纤维层厚度是否符合设计要求,来决定是否调整天平辊调速电动机的速度,使天平辊喂入速度变化,达到瞬时喂入棉量一致。

这套机构可以自动求平均数,当各连杆因棉层的厚度变化,其动程分别为 L_1、L_2、L_3……L_{16},则总连杆动程 L 由下式求出:

$$L = \frac{L_1 + L_2 + L_3 + \cdots L_{16}}{n}$$

L 值可由总连杆的位置比例反映出来。

②尘笼的结构和作用:清棉机尘笼是利用风扇所产生的气流吸力,将打手室的棉束吸向尘笼的表面,凝成纤维层。在棉层凝聚过程中,有均匀并合作用,并可清除其中的细小尘杂。

FA141A 型单打手成卷机的上、下尘笼采用钢板冲孔,两端的风口与机架墙板相通,构成风道如图 1 - 2 - 21 所示。

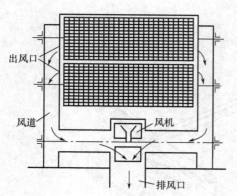

图 1 - 2 - 21 成卷机的尘笼与风道

下尘笼左右风口处装有挡板,可以调节风口的大小,以便改善纤维层在上下尘笼表面的凝聚状况。

(3)成卷机构和作用:FA141A 型单打手成卷机的成卷机构由紧压辊、防粘辊、压卷辊、棉卷辊和自动落卷装置等组成。

①紧压辊加压装置。紧压辊的作用是使防粘辊输出的膨松棉层 3 次通过 4 只表面光滑而中空的紧压辊加压后,纤维层层次分明,不粘连,便于下道工序加工。压力除 4 个紧压辊的自重外,还另外施加一定的压力,FA141A 型单打手成卷机采用气动加压,加压大小由调压阀调节。若紧压辊之间通过的棉层过厚时,加压杠杆上的碰板触动电气开关,切断电源,自动停车。紧压辊加压装置及棉层过厚的自停装置如图 1 - 2 - 22 所示。

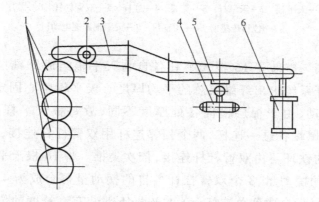

图 1 - 2 - 22 紧压罗拉加压及棉层过厚的自停装置
1—紧压罗拉 2—支轴 3—加压杠杆 4—电气开关 5—碰板 6—汽缸

②防粘辊。在剥棉辊与紧压辊之间装有一对防粘辊。上为凹辊,下为凸辊。棉层先经凹凸辊轧成槽纹,再进入紧压辊,以达到较好的防粘效果。

防粘辊由上剥棉辊右侧轴端齿轮传动,该齿轮装有凸钉式防轧装置及电气开关,如图

1－2－23 所示。当防粘辊之间的棉层过厚时,由于凸钉切向阻力增大,滑出传动齿轮并左移触及电气开关,切断电源,自动停车。

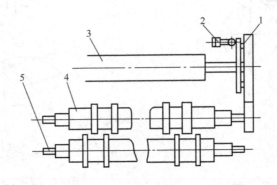

图 1－2－23　防粘辊与防轧装置
1—凸钉　2—电气开关　3—上剥棉辊　4—下凸辊　5—上凹辊

③压卷辊加压装置。纤维层自紧压辊输出后,经导棉辊到棉卷辊上,纤维层因棉卷辊的摩擦作用而卷绕在棉卷扦上。在棉卷形成过程中,需施加一定的压力,使棉卷较坚实,成形好,既可增大容量,也便于搬运。

压卷辊与压钩的升降和加压由汽缸控制,升降速度可通过节流阀和气控调压阀调节。采用气动渐增加压,成卷时压钩渐渐上升,装在压钩上的导板推动渐增加压气阀进行渐增加压如图 1－2－24 所示。这样,可以达到棉卷直径小时,加压小,棉卷直径增大时,加压随之逐渐增大,使整个棉卷受压均匀,内外一致。加压大小可以根据成卷要求而调整,见表 1－2－1。

表 1－2－1　加压调整对照表

棉卷重(kg)	供气压力(MPa)	紧压辊加压(MPa)	棉卷渐增加压(MPa)
18(棉卷)		0.2	0 ~ 0.18
30(棉卷)	0.5 ~ 0.6	0.35 ~ 0.5	0.05 ~ 0.22
化纤卷		0.35	0 ~ 0.03

④自动落卷装置。FA141A 型单打手成卷机采用计数器测定棉卷长度,自动落卷装置如图 1－2－25 所示。满卷时,压钩积极上升,带动棉卷辊加速,切断棉卷;棉卷被推出落至棉卷秤的托盘上;压钩升顶,触动电气开关,汽缸反向并进气,压钩积极下降;右压钩上的压板压及翻扦臂,预备棉卷扦被放入两个棉卷辊之间,自动卷绕生头;压卷辊落下加压,开始成卷。完成上述全部动作需 3 ~ 4s。

压钩积极上升是通过传动液柱式超越离合器和机台左侧齿轮内的棘轮式超越离合器完成的。压钩升至顶端,触及电气开关,棉卷辊加速制动吸铁通电,牵动制动装置,棉卷辊停止加速。

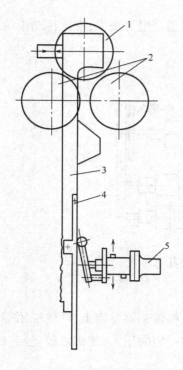
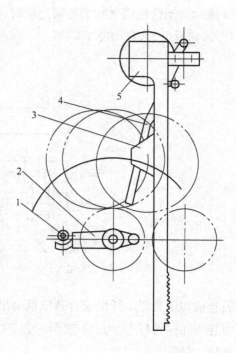

图 1-2-24 压卷辊与渐增加压装置
1—压卷辊 2—棉卷辊 3—压钩
4—导板 5—渐增加压气阀

图 1-2-25 压钩及自动推、放扦装置
1—棉卷扦 2—翻扦臂 3—压板
4—推扦板 5—压钩

任务实施

根据任务要求,结合所选择的开清棉工艺流程,熟悉并绘制各机械的工艺流程简图。

考核评价

表 1-2-2 考核评分表

考核项目	原　　　棉	得　　分
抓棉机械工艺流程	20(按照设备的机构组成来绘制,少一机构扣2分)	
混棉机械工艺流程	20(按照设备的机构组成来绘制,少一机构扣2分)	
开棉机械工艺流程	20(按照设备的机构组成来绘制,少一机构扣2分)	
给棉机械工艺流程	20(按照设备的机构组成来绘制,少一机构扣2分)	
棉卷机械工艺流程	20(按照设备的机构组成来绘制,少一机构扣2分)	
书写、打印规范	书写有错误一次倒扣4分,格式错误倒扣5分,最多不超过20分	
姓　名	班级　　　　　　　　学号	总得分

思考与练习

绘制所选择开清棉设备的工艺流程简图。

⊙ **知识拓展**

开清棉联合机采用凝棉器、输棉风机、配棉器和输棉管道将多台单机连接成为联合机。

一、凝棉器

凝棉器是附设在开清棉联合机各主机上的气流输棉装置。

1. 凝棉器的结构

凝棉器由风机、尘笼和剥棉打手等机件组成,如图1-2-26所示。尘笼由网眼钢板弯制而成,内部装有均棉筒,均棉筒使靠近风机一侧和尘笼中部较高的风速趋于缓和,克服了尘笼单侧吸风原料横向分布不匀的缺点。剥棉打手由筒体和6个皮翼结合而成。皮翼与尘笼表面之间的隔距为0.3~3mm,安装时可进行调整。

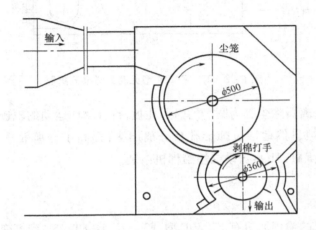

图1-2-26 A045型凝棉器

2. 凝棉器工艺流程

凝棉器借助风机产生的气流,将前一机台输出的原料经输棉管道凝聚在尘笼表面,由剥棉打手剥下,落入储棉箱。凝棉器尘笼内的负压,使尘笼表面原料中的细小杂质、短绒和尘土等被吸入管道,排至滤尘室。

3. 凝棉器的作用

(1)输送棉块:利用风扇转动所产生的气流,在管道内造成负压,吸引上台机器输出的棉块,经管道凝聚在尘笼表面,由剥棉打手将棉块剥下落入单机棉箱内,达到输送棉块的目的。风机转速应根据输棉和除杂两方面的要求来选用。转速过低,造成风量不足,容易堵车。转速过高,造成动力消耗增加,且凝棉器的振动加大。剥棉打手的线速度应适当高于尘笼表面的线速度,以克服剥棉时尘笼气流的吸力。

(2)排除短绒和细杂:由于尘笼内的负压,吸引尘笼表面棉块中的短绒和细杂通过尘笼网眼,经管道排至滤尘室。尘笼速度高,凝聚的棉层薄,有利于排除细小尘杂。但速度过高,气流急,易使棉块浮游在尘笼表面,形成棉块积聚,严重时可造成堵车。

4.无动力纤维分流器

无动力纤维分离器(图1-2-27),是将经输棉风机送入的原料通过给棉导板在弧形孔板里高速抛射,使松散的棉纤维与尘杂、短绒分离。其主要型号有 FA053 型、FA054 型无动力纤维分离器。

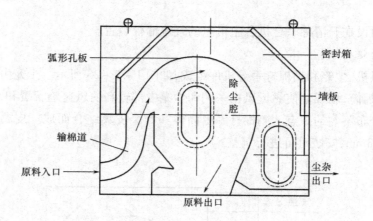

图1-2-27 FA054 型无动力纤维分离器

FA054 型纤维分离器除尘腔为圆滑的弧形孔板,符合物体运动的轨迹。它充分利用气体流动原理,使尘杂和短绒自然地通过弧形孔板分离出去,提高了分离效率和纤维质量。它可与 FA1112 型精开棉机、FA1131 型振动棉箱给棉机组装。

二、输棉风机

用于清棉联合机的输棉风机有 FT240F 型、FT222F 型、FT245F 型等变频输棉风机。

变频输棉风机用于清花机台之间的棉流输送(图1-2-28),变频器可精确控制管道内空

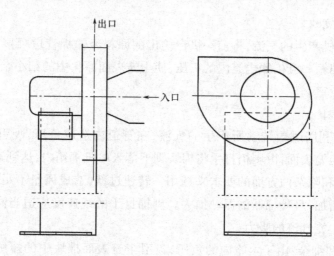

图1-2-28 变频输棉风机

气的压力及流量。输棉风机采用直叶式无前盘铝合金叶轮,分为顺时针、逆时针两种旋转形式,传动方式为叶轮与电动机直联。

三、配棉器

由于开棉机与清棉机产量不平衡,一般需要借助配棉器将开棉机输出的原料均匀地分配给 2~3 台清棉机,以保证连续生产并获得均匀的棉卷或棉流。配棉器有电气配棉器、气流配棉器和气动配棉器几种形式。

1. A062 型两路电气配棉器

A062 型两路电气配棉器采用吸棉的方式将原料分配给 2 台清棉机,由配棉头和进棉斗等组成,如图 1-2-29 所示。

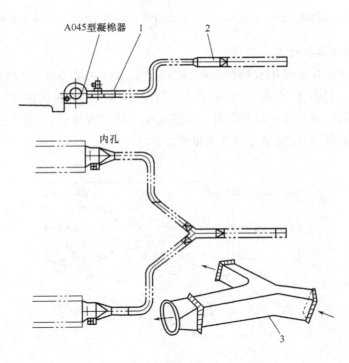

图 1-2-29　A062 型两路电气配棉器
1—进棉斗　2—两路配棉头　3—配棉头

连接 2 台清棉机的配棉头呈 Y 形三通,管道为方形,管道内设有调节板。改变调节板的位置,可以改变纤维流的运动轨迹,目的是使原料均匀分配。

进棉斗位于给棉机的上部,与 A045 型凝棉器相连接,由二级扩散管、重锤杠杆、进棉活门和电磁吸铁等组成,如图 1-2-30 所示。活门由给棉机棉箱中的光电管通过电磁吸铁控制启闭,若任一台给棉机棉箱原料充满时,箱内光电管起作用,电磁吸铁断电,活门由重锤杠杆自动关闭,原料停止喂入。进棉斗采用联动控制,即当 2 台给棉机棉箱均充满原料时,通过电气控制使各给棉机的进棉斗活门全部开启,同时停止后方机台的给棉,使管道内的余棉和惯性棉分别进入2台给棉机的后储棉箱,然后,活门全部关闭。当任一台给棉机再需要原料时,则光电管起作用,该机台的进棉活门开启,恢复喂入原料,而另一台给棉机的进棉活门仍然关闭。

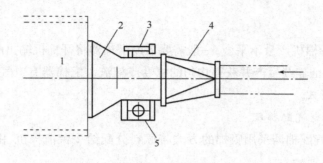

图1-2-30 进棉斗

1—凝棉器 2—二级扩散管 3—重锤杠杆 4——级扩散管 5—电磁吸铁

2. FT221A 型两路分配器

FT221A 型两路分配器采用双摇板结构,把前道工序送来的原料,分配给下道不同的生产线,满足各种生产工艺的要求(图1-2-31)。两个控制活门由连杆连接,用一个汽缸和一个电控滑阀完成动作,可以通过程序控制定时开启或关闭。其结构简单,使用方便,动作可靠。不给棉时,它向凝棉器补风,以保持滤尘系统风量平衡。

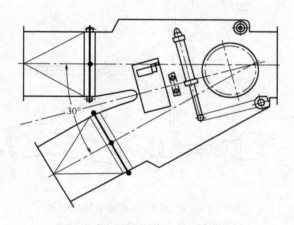

图1-2-31 FT221A 型两路分配器

四、输棉管道

棉流依靠管道输送,为了保证棉块顺利输送,管道中气流需有一定的流速。流速过小,棉块易沉管底,形成管底堵塞;流速过大,动力消耗大。一般流速选用 10～12m/s,管径在250～300mm。

五、故障监控和排除装置

开清棉机组是多机台互相控制、连续运转、封闭作业的。原料中如果含有金属杂物和异物等杂质,会发生故障,损坏设备;机组运行中若瞬时开松不足、气流不畅或管道挂堵,致使输送迟缓,会发生喷车等故障。这些均影响机组正常运转,严重者会造成设备人身事故和火警。为了避免和防止发生意外,应用电子技术对棉流运行、设备运转等状态进行感应检测,做到有效控制运行,及时排除故障和杂物,并报警显示。

1. 除金属杂质装置

（1）FA121 型除金属杂质装置 该装置一般置于混棉机与抓棉机之间的输棉管道中,在连续生产的情况下,探测并排除混于纤维中的金属杂质,如图1－2－32所示。

呈水平状态的输入、输出管道与机组输棉管道系统相接,纤维流正常时由上方水平管通过。当棉流中含有金属杂质时,探测器1磁场受到感应而产生信号,通过电气控制箱3中的电路放大系统传递作用使切换装置2的电磁铁动作,输棉管中的活门短暂放开2～3s,使金属夹杂物由支管落入排杂棉箱4,活门立即复位,水平输棉管道复原,正常输棉。落入排杂棉箱内的纤维杂物被筛网板阻拦,最后落下排除。气流通过筛网由支管道汇入主棉流,气流的短暂弯转不影响棉流输送。

（2）AMP－2000 型火星金属探除器 主要由火星探测控制箱、金属检测探头和排杂执行机构三部分组成,如图1－2－33所示。

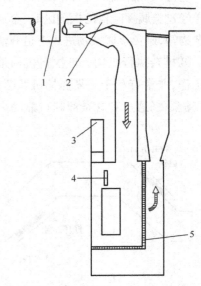

图1－2－32 FA121 型除金属杂质装置
1—探测器 2—切换装置 3—电气控制箱
4—排杂棉箱 5—筛网板

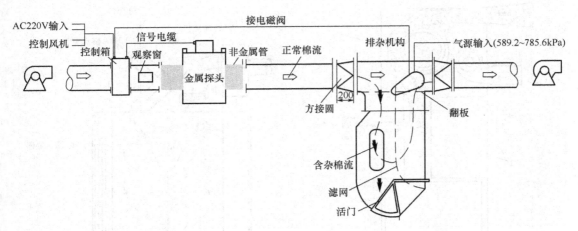

图1－2－33 AMP－2000 型火星金属探除器的工作原理

①火星探除器。当抓棉打手因打击到金属等杂物或轴端缠花产生火花时,火花会夹杂在纤维中,在风力作用下在输棉管道中运动,火星具有一定波长的红外辐射,当它经过高灵敏度的红

外探测区时,红外探头探测到棉纤维中有火星存在,即刻发出消防声光警报,在自动停止风机等相关设备运行的同时,排杂执行机构将含火棉流、燃屑排入杂物箱,确保火星不进入下道工序,消除火灾隐患,起到防患于未然的作用。

②金属探除器。原棉中通常含有铁丝头、螺丝、垫圈、钢扣等金属杂物,当它们夹杂在纤维中输送经过金属探除器的探测区时,金属探测电路经判别处理后驱动排杂执行机构,将含杂棉流排入杂物箱,避免金属杂物进入下道开清棉设备,造成火灾隐患以及梳棉针布等机械装备的损坏。

③排杂执行机构。该执行机构采用独特的三通气动摇板阀结构,风压损耗很小,正、负压均能工作,非常有利于往复抓棉机及圆盘抓棉并联使用。落棉箱具有双重网眼隔板,能保证动作时气流顺畅通过和含杂原料可靠隔离。

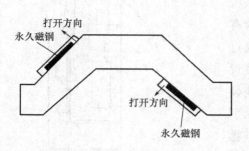

图 1-2-34 TF27 型桥式吸铁杂装置

(2)FA125 型重物分离器 用以去除纤维束中大部分杂质及异物。当棉束经过桥式磁铁时,清除铁杂质。另外,装在呈圆弧状通道中的可调节尘棒可对纤维流产生分离作用,使杂质从纤维束中松释,分离后的纤维经吸风管道输送至下一工序(图 1-2-36)。

(3)TF27 型桥式吸铁杂装置 利用永久磁钢吸铁杂的特性,在桥式弯曲状管段的上下两侧的相对位置各装一块永久磁钢,利用磁铁吸除棉流中夹杂的铁杂,如图 1-2-34 所示。

2. 重物分离器

(1)TF30 型重物分离器 在输棉管转弯处开口,利用气流分流的原理把重物杂质与纤维分离,调节板可调节开口量,从而调节排杂量(图 1-2-35)。本机机构简单,效果显著,且不需维修保养。

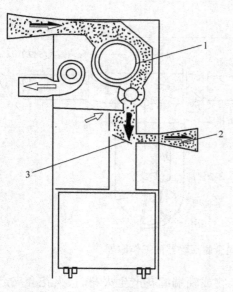

图 1-2-35 TF30 型重物分离器
1—尘笼 2—出棉口 3—调节板

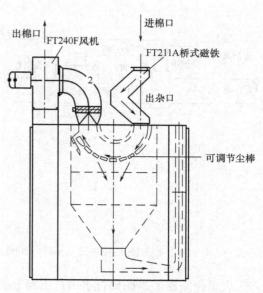

图 1-2-36 FA125 型重物分离器

3. 三通摇板阀

FT213A 型三通摇板阀与金属探除器或火星探除器连用排杂（图 1 − 2 − 37）。当接到金属探除器或火星探除器发出的信号时，FT213A 型三通摇板阀自动关闭输棉管道并打开排杂口，排杂后，FT213A 型三通摇板阀自动复位。

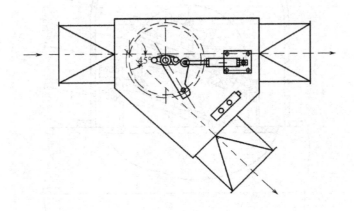

图 1 − 2 − 37　FT213A 型三通摇板阀

4. FT215B 型微尘分流器

FT215B 型微尘分流器用于开清联合机较前位置，有排除微尘和平衡气流的作用，一般与轴流开棉机配合使用。纤维流进入微尘分流器后，微尘通过网眼排出，排尘口排风量可调，排尘口必须接入滤尘系统（图 1 − 2 − 38）。

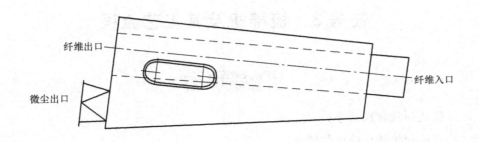

图 1 − 2 − 38　FT215B 微尘分流器

5. 气流防轧

为防止输棉管中气流速度减低而引起事故，应在输棉管道上安装气流防轧安全装置（图 1 − 2 − 39）。在正常生产情况下，输棉管 5 有足够的真空度将气门板吸住，水银开关 1 接通电源，正常输棉。当因故堵车，管道中真空度降低到一定数值时，气门板 4 在平衡重锤 3 和杠杆 2 的作用下被拉起，水银开关 1 便倾斜，发出信号，切断电源，使后方机台停止给棉，防止发生事故。故障排除后，管道内气流速度恢复正常后，即可开车给棉。

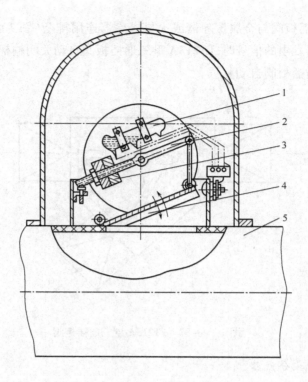

图 1 - 2 - 39　气流防轧安全装置
1—水银开关　2—杠杆　3—平衡重锤　4—气门板　5—输棉管

任务 3　梳棉机及其工艺流程

● 学习目标 ●

1. 能认知梳棉机型号；
2. 能认知梳棉机的机构组成；
3. 能熟练写出梳棉机的工艺流程。

任务引入

为了确保纤维充分开松、除杂，需要在开清棉工作的基础上，对棉卷做进一步的处理，使其达到规定的单纤化程度及含杂量。需要采用什么机械来完成进一步的开松、除杂呢？

🔅 任务分析

为实现上述任务,认识梳棉机是必然的选择,然后根据设计纱线所选配的原料性能、棉卷的质量而选择合适的梳棉机工艺参数。因此,进一步开松、除杂时,必须对梳棉机有一个充分的了解。

👹 相关知识

一、梳棉机的作用

1. 分梳

在不损伤或较少损伤纤维的前提下,对纤维进行细致而彻底的分解,将其分离成单纤维状态,并使纤维部分伸直或初步取向。

2. 除杂

继续清除残留在棉束中的杂质和疵点,如带纤维的破籽、籽屑、不孕籽、软籽表皮、短绒以及棉结、束丝与尘屑等。

3. 混和

使不同性状的纤维得到均匀的混和,为棉条和将来的成纱质量均匀打下基础。

4. 成条

制成一定线密度的均匀棉条(习惯称生条),并有规则地圈放在条筒中,供下道工序使用。

梳棉工序的分梳是基础,只有小纤维块或纤维束得到充分分梳,成单纤维化,才能确保清除更多的细小杂质,提高和改善各种不同纤维成分的均匀混和。

二、FA224 型梳棉机的工艺流程

棉卷随棉卷辊的旋转而逐层退解,给棉辊牵引纤维层,并与给棉板组成握持钳口向刺辊喂给纤维层。刺辊锯齿在高速状态下分梳纤维层,使其成为纤维束。刺辊下方装有除尘刀和刺辊分梳板,除尘刀将杂质含量较多的气流附面层外围切割下来,被刺辊下方吸口吸走,形成后车肚落棉。其他被刺辊带走的纤维接受刺辊与刺辊分梳板的分梳作用。此后纤维束或单根纤维经刺辊转移给锡林,经过后固定盖板分梳区,带入锡林与盖板工作区。在锡林与盖板工作区内,纤维束接受非常细致的自由梳理而成单纤维,并在此基础上进行充分的混和并清除细小杂质。充塞在盖板针面的纤维和杂质被带出锡林与盖板工作区后即被清洁毛刷剥下,由盖板花吸点吸走。被锡林针面携带出锡林与盖板工作区的纤维,通过前上罩板、前固定盖板分梳区和前下罩板,凝聚在慢速回转的道夫上,形成纤维层。经剥棉辊剥取,由上下轧碎辊输出成纤维网。再经喇叭口集束,大压辊的抽引而成条,最后由圈条器按一定规则圈放在棉条筒内(图 1 - 3 - 1)。

梳棉机可分为给棉刺辊部分,锡林、盖板、道夫部分,剥棉、成条、圈条部分。

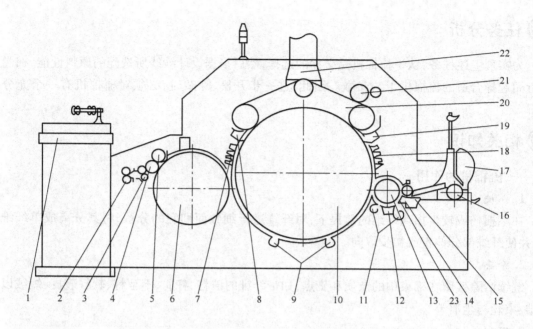

图1-3-1　FA224型梳棉机示意图

1—圈条器　2—大压辊　3—轧碎辊　4—剥棉辊　5—清洁辊　6—道夫　7—前固定盖板
8—前棉网清洁器　9—锡林下方吸口　10—锡林　11—刺辊下方吸口　12—分梳板　13—刺辊
14—给棉板　15—给棉辊　16—棉卷辊　17—棉卷架　18—后固定盖板　19—盖板花吸点
20—盖板　21—大毛刷　22—连续吸落棉总管　23—落棉控制板

三、针面对纤维的作用

梳棉机上各主要机件表面包有针布,所以各机件间的作用实质上是两个针面的作用,由于针齿配置(即针齿的倾斜方向)以及两针面的相对运动方向不同,对纤维可产生分梳、剥取、提升三种不同作用。

1.分梳作用

(1)分梳作用的条件

①两针面的针齿相互平行配置。

②一个针面的针尖逆对着另一针面的针尖运动。

③两针面之间的隔距很小。

(2)分梳作用的过程　由于两针面的隔距很小,故由任一针面携带的纤维都有可能同时被两个针面的针齿所握持而受到两个针面的共同作用(图1-3-2)。此时纤维和针齿间的作用力为R,R可分解为平行于针齿工作面方向的分力p及垂直于针齿工作面方向的分力q,前者使纤维沿针齿向针内运动,后者使纤维压向针齿。无论对哪一针面来说,在p力作用下,纤维都有沿针齿向针内移动的趋势。因此,两个针面都有握持纤维的能力,从而使纤维有可能在两针面间受到梳理作用。

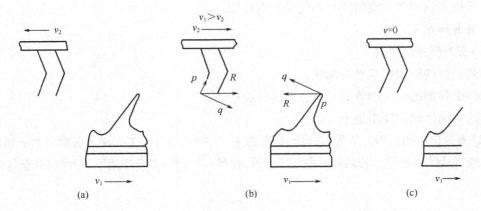

图 1-3-2 分梳作用过程

梳棉机上锡林与盖板之间的作用、刺辊与刺辊分梳板的作用、锡林与道夫之间的凝聚作用，实质上都是分梳作用。

2. 剥取作用

（1）剥取作用的条件

①两针面的针齿相互交叉配置。

②一个针面的针尖沿着另一针面针尖的倾斜方向相对运动。

③两针面之间的隔距很小。

（2）剥取作用的过程　在图 1-3-3(a)和(b)中，针面 Ⅰ 的针尖沿针面 Ⅱ 的针齿倾斜方向运动，因两针面相对运动对纤维产生分梳力 R，将 R 分解为平行于针齿工作面方向的分力 p 和垂直于针齿工作面方向的分力 q。对针面 Ⅰ 而言，纤维在分力 p 的作用下有沿针齿向内移动的趋势；而对针面 Ⅱ 而言，纤维在分力 p 的作用下有沿针齿向针外移动的趋势，所以针面 Ⅱ 握持的纤维将被针面 Ⅰ 所剥取。而在图 1-3-3(c)中，则是针面 Ⅱ 剥取针面 Ⅰ 上的纤维，因此，在剥取作用中，只要符合一定的工艺条件，纤维将从一个针面完全转移到另一个针面。

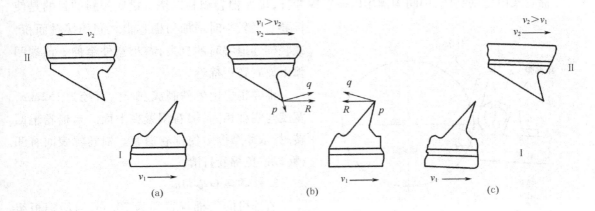

图 1-3-3 剥取作用过程

31

梳棉机上锡林与刺辊间的作用就是剥取作用。

3. 提升作用

（1）提升作用的条件

①两针面的针齿相互平行配置。

②一个针面的针尖顺着另一个针面的针尖运动。

③两针面之间的隔距很小。

（2）提升作用的过程　从受力分析可知（图1-3-4），沿针齿工作面方向的分力 p 指向针尖，表示纤维将从针内滑出。若某针面内沉有纤维，在另一针面的提升作用下，纤维将升至针齿表面。

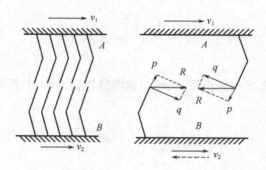

图1-3-4　提升作用过程

梳棉机上安全清洁辊与剥棉辊之间的作用就是提升作用。

四、梳棉机的机构与作用

（一）梳棉机的给棉刺辊部分及作用

从棉卷辊到锡林剥取点之间的机构为给棉和刺辊部分。此部分的主要作用为握持分梳纤维层成单纤维并除杂。

1. 棉卷架和棉卷辊

棉卷架由生铁制成，中间沟槽用以搁置棉卷扦，确保棉卷顺利退绕。槽底倾斜的目的是使棉卷直径较小时增加与棉卷辊之间的接触面积，减轻棉卷退解时的打滑，减小意外牵伸。顶端凹弧上放置备用棉卷。

棉卷辊也由生铁制成，中空，直径为152mm，宽度与锡林相同，棉卷搁置在上面。当棉卷辊回转时，依靠摩擦力使棉卷退解。棉卷辊表面有凹槽，以避免棉卷打滑。

2. 给棉辊和给棉板

梳棉机的给棉辊直径为70mm，与给棉板组成喂给钳口（图1-3-5）。为使握持钳口获得足

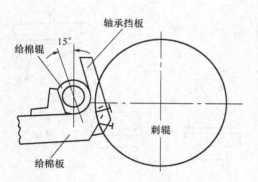

图1-3-5　给棉辊及其轴承与给棉板的关系

够的握持力,必须在给棉辊两端施加压力。为保证握持纤维层牢靠,刺辊能积极有效地分梳纤维层,给棉辊轴承向后倾斜15°方向上下滑动,这样可将纤维层控制在给棉板和给棉辊两圆弧面组成、从进口到出口逐渐收小的通道内,使握持钳口内纤维层逐渐收小,以增强对纤维层的握持作用。

为了提高给棉辊钳口对棉层的有效握持作用,A186系列梳棉机的给棉辊表面铣有直线或螺旋线的沟槽。而FA201、FA203、FA231系列新型梳棉机上的给棉辊表面布满菱锥形凸起。而FA221、FA224、FA225系列梳棉机,为避免因高速时给棉辊与给棉板的强有力握持及刺辊的强烈分梳,致使纤维大量损伤,采用了锯齿形给棉辊(图1-3-6)。这样组成的握持钳口,既能有效握持纤维层,做到有效控制而不握持死,又能起到分梳作用。

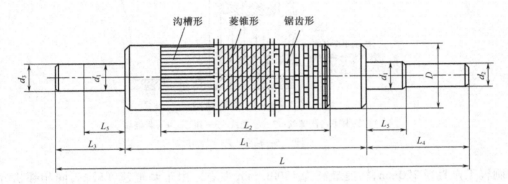

图1-3-6　三种不同形式的给棉辊

梳棉机的给棉板有单工作面型[图1-3-7(a)]和双工作面型[图1-3-7(b)]之分。图中各尺寸主要标注了其前端(称鼻端)的几何形状和相对机框的位置,其中L为给棉板前沿斜面长度,称给棉板工作面长度。各种机型给棉板的工作面形状不尽相同,可根据使用要求选择。

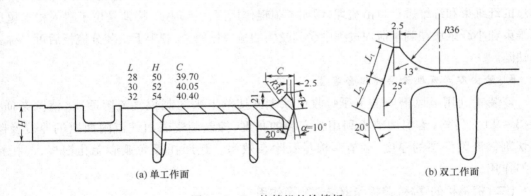

图1-3-7　梳棉机的给棉板

3. 刺辊

刺辊主要由滚筒和表面包覆的锯齿组成。滚筒是由铸铁制成或用钢板包卷而成的圆筒,表面有螺旋线沟槽,用以嵌入分梳锯条(图1-3-8)。滚筒两端采用一对锥形套筒与两端堵头

（法兰）紧固,堵头则固定在刺辊轴上,以保证刺辊筒体与轴的同心度。沿堵头内侧圆周有槽底大、槽口小的梯形沟槽,平衡铁螺丝可沿沟槽在整个圆周上移动,平衡铁可固紧在需要的位置上。平衡铁放置在外,不需拆卸堵头,保证了平衡的精度,校好平衡后用罩盖封闭。

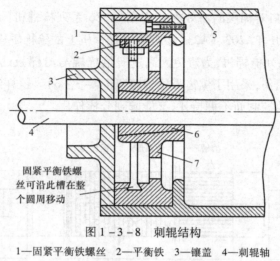

固紧平衡铁螺
丝可沿此槽在整
个圆周移动

图1-3-8 刺辊结构

1—固紧平衡铁螺丝 2—平衡铁 3—镶盖 4—刺辊轴

5—刺辊 6—轴套 7—刺辊堵头

刺辊工作直径250mm,转速最高为1200r/min左右。由于刺辊速度较高,同相邻机件的隔距很小,因此对于刺辊筒体和锯齿面的圆整度、刺辊圆柱锯齿面与刺辊轴的同心度,以及整个刺辊的动平衡都有较高的要求。

4.分梳板

分梳板的主要作用是与刺辊配合对纤维进行自由分梳、松解棉束、排除杂质和短绒等杂质。

刺辊下加装分梳板(图1-3-9)能起到预分梳作用,这是因为分梳板表面的锯齿对随刺辊通过的纤维束和纤维进行自由梳理,增加了刺辊作用区的梳理度,特别是位于喂入棉层里层的纤维束和小纤维块在刺辊梳理过程中受到较弱的梳理作用,在刺辊下安装分梳板后可以弥补这一缺陷。

5.除尘刀与吸风除杂槽组合装置

该装置利用吸风槽内的负压吸收由除尘刀切割下来的刺辊气流附面层,清除杂质(图1-3-9)。另外,落棉调节板利用其安装的角度,控制刺辊表面气流附面层的厚度及除尘刀切割气流附面层的厚度,调节落棉量及除杂效率。弧形托板为弧形无孔钢板,起托持纤维的作用。

(二)梳棉机的锡林、盖板和道夫部分及作用

锡林、盖板和道夫部分主要由锡林、盖板、道夫、前后固定盖板、前后罩板和大漏底等机件组成。经刺辊分梳后转移至锡林针面上的棉层中,大部分纤维呈单纤维状态,棉束重量百分率在15%~25%,此外还含有一定数量的短绒和粘附性较强的细小结杂。所以,这部分机构的主要作用是:锡林和盖板对纤维做进一步的细致分梳,彻底分解棉束,并去除部分短绒和细小杂质;

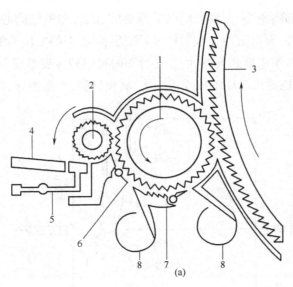

1—刺辊 2—给棉辊 3—锡林 4—给棉板 5—棉层厚度测量杆
6—排杂阀门 7—分梳板 8—除尘刀及吸尘管

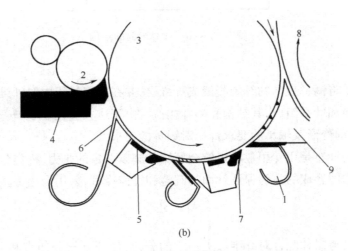

图1-3-9 梳棉机刺辊下方结构示意图
1—吸风除杂槽 2—给棉辊 3—刺辊 4—给棉板 5—分梳板
6—除尘刀 7—落棉调节板 8—锡林 9—弧形托板

道夫将锡林针面上转移过来的纤维凝聚成纤维层;在分梳、凝聚过程中实现均匀混和;前、后罩板和大漏底的作用是罩住或托持锡林上的纤维,以免飞散。

1. 锡林

锡林是梳棉机的主要机件,其作用是剥取刺辊初步分梳过的纤维并带入锡林盖板工作区,做进一步的分梳、伸直和均匀混和,并将纤维转移给道夫。锡林由滚筒和针布组成,如图1-3-10所示。在滚筒两端,用堵头(法兰)和裂口轴套将滚筒和锡林联结在一起。锡林轴与两端堵头采用螺栓夹紧结构,并采用自动调心双列滚柱轴承,提高了锡林的安装精度。由于锡林直径大,转速高,同相邻机件的隔距小,因而对滚筒的圆整度、滚筒和轴的同心度以及滚筒的动平衡等性能的要求很高。此外,要求滚筒在包覆针布后变形程度尽可能小。滚筒体内有若干条环形的筋,轴向有数十条直筋,用以增强其刚性,包卷针布时可以减少变形现象。

FA224型、FA225型梳棉机采用钢板焊接结构,其重量轻,平衡性好,启动惯性小。

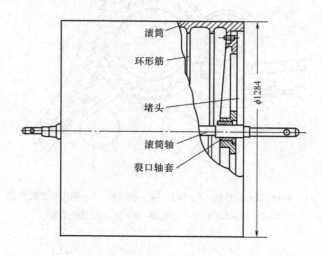

图1-3-10　锡林滚筒的结构

2. 道夫

道夫的作用是将锡林表面的纤维凝聚成纤维层,并在凝聚过程中对纤维进一步分梳和均匀混和。道夫由滚筒和针布组成,其结构和锡林相似。由于道夫直径较小、转速较低,因而对其动平衡、包卷针布后的变形及轴承的要求都比对锡林的要求低。

锡林和道夫的针布是用专用包卷机给金属锯条施以一定的张力,密集包卷在磨修好的锡林和道夫的滚筒表面而形成的。为保证针面的圆整和针齿锋利,采用专用磨具进行周期性的磨针工作。

3. 盖板

盖板的作用是与锡林配合对纤维做进一步的分梳,使纤维充分伸直和分离,去除部分短绒和细小杂质,并具有均匀混和的作用。

盖板是一狭长铁条,由盖板铁骨和针布组成。盖板铁骨结构如图1-3-11所示,由于盖板狭长,工作面又包覆针布,为防止弯曲变形并增加强度,盖板铁骨的截面呈"T"形。铁骨两端面是踵趾面,高度相差0.56mm,因此每根盖板与锡林针面间的隔距,入口趾面大,出口踵面小,它的作用是纤维进入逐渐收小的锡林盖板隔距间,每块盖板的针面都能充分发挥梳理作用,而不致过分集中在入口处。

国外的梳棉机C51型、DK903型、C501型配置了铝制模件制造的盖板骨,减轻了盖板重量,同时采用同步齿形带通过其上的定位销固定盖板,减小了盖板运行阻力,降低了盖板踵趾及曲轨的磨损。而且采用圆柱体代替盖板踵趾面,使盖板运转更加平稳,盖板针面与锡林针面间隔距校调更为精确(图1-3-12)。

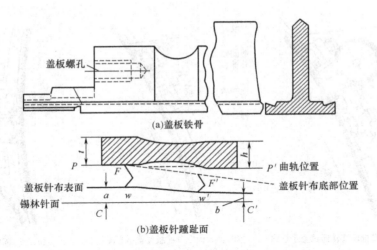

图 1 - 3 - 11　盖板铁骨和盖板踵趾面

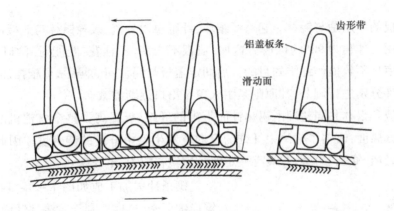

图 1 - 3 - 12　新型盖板及传动

　　梳棉机上配置的回转盖板根数及参与分梳区分梳工作的盖板根数,视机型不同而有很大的区别,见表 1 - 3 - 1。盖板由链条连接,平行地排列在一起,参与分梳的工作盖板两端踵趾面沿着安装在圆墙板上的曲轨随链条一起运动。调节曲轨位置相对墙板位置的高低,就可使参与分梳的工作盖板与锡林间梳理区各点的梳理隔距符合工艺要求。

表 1 - 3 - 1　各种机型的盖板根数

机　　型	FA201、FA231	FA203A、FA232	FA221、FA224、FA225	瑞士立达 C51
配置盖板总数/工作盖板根数	106/41	86/32	80/30	104/40

4. 前后固定盖板

　　FA 系列新型梳棉机在锡林前后安装了固定分梳板、纤维网清洁器、除尘刀、后罩板和前上罩板、前下罩板(图 1 - 3 - 13)。前、后安装固定盖板的根数,视机型不同而不尽相同。

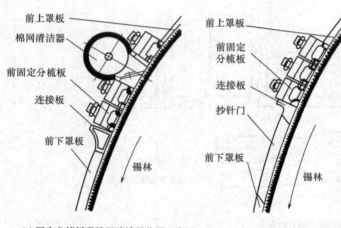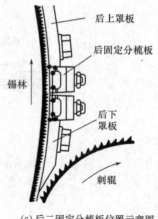

(a) 固定分梳板带棉网清洁器位置示意图　　(b) 前三固定分梳板位置示意图　　(c) 后二固定分梳板位置示意图

图 1-3-13　带棉网清洁器的固定盖板

后固定盖板的作用是与锡林一起对纤维块、纤维束预分梳,减轻锡林与盖板梳理区的压力,后固定盖板采用工作角为90°的锯齿。这样,盖板不充塞、不挂花,既能对纤维层进行预梳,又能达到减小棉束且不致损伤纤维的目的。后固定盖板与锡林间的隔距,可根据加工原料的性质和其他工艺条件分别进行调节,其原则是由入口至出口逐渐缩减。

前固定盖板和锡林共同整理由锡林针面带出的纤维层,提高了整个梳棉机的分梳效能,也提高了纤维的分离度,改善了棉网中纤维的定向度和生条中纤维的伸直度。因此,前固定盖板锯齿要求齿尖光洁、锋利、耐磨,并具有一定的分梳转移能力,不充塞。

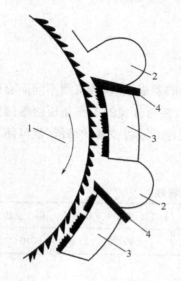

图 1-3-14　锡林前固定盖板

1—锡林　2—吸管
3—锡林前固定分梳板　4—除尘刀

锯条冲锻加工成如图 1-3-14 所示的形状。锯齿细而密,这样有利于对锡林针面纤维层残留的小棉束和纠缠纤维进行补充梳理,也不易充塞纤维。前固定盖板与锡林针面间的隔距采用相同隔距,根据原料性质和其他工艺条件调节,在机械状态正常的情况下以偏小掌握为宜。

5. 前、后罩板的结构和作用

前、后罩板的主要作用是罩住锡林针面上的纤维,以免飞散。前、后罩板用厚 4~6mm 的钢板制成,上下呈刀口形,用螺丝固装于前、后短轨上,可根据工艺要求调节其位置高低以及它们与锡林间的隔距。

后罩板位于刺辊的前上方,其下缘与刺辊罩壳相接。调节后罩板与锡林间入口隔距的大小,可以调节三角小漏底出口处气流静压的高低,从而影响后车肚的气流和落棉。

前上罩板的上缘位于盖板工作区的出口处,它的位置高低及其与锡林间隔距的大小,直接影响纤维由盖板向锡林的转移,从而可以控制盖板花的多少。

6.锡林弧形托板及吸尘槽

在锡林底部安装弧形托板(图1-3-15),托持锡林针面纤维。在锡林托板最底部配置着两处吸尘槽,利用其内的负压吸附锡林针面的短绒和尘杂。

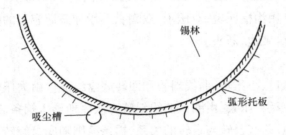

图1-3-15 锡林弧形托板及吸尘槽

7.棉网清洁器

在前上罩板下加一把除尘刀与吸管(图1-3-14),与前固定盖板组成棉网清洁器,吸去外溢气流、杂质和棉结等。

(三)梳棉机的剥棉、成条和圈条部分及作用

凝聚在道夫针面的纤维层由剥棉装置剥取成网,再由成条装置集合成条,最后由圈条装置有规律地圈放在条筒内,以便运输,供下道工序使用。

1.剥棉装置

目前,FA系列梳棉机多采用三辊剥棉装置,它由一个剥棉辊和一对轧辊组成(图1-3-16)。剥棉辊包有"山"字形锯条,齿尖密度为12齿/cm²。下轧辊的直径较大,且车有螺纹沟

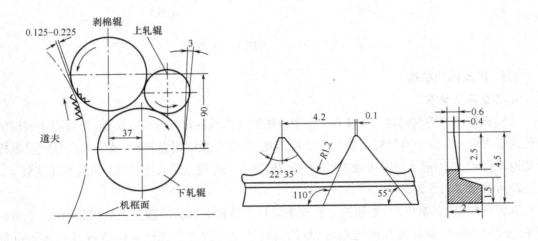

图1-3-16 三辊剥棉装置

槽,对剥棉辊剥下的棉网起一定的托持作用,并使棉网以较小的下冲角输出,避免棉网下坠而引起断头。上、下轧辊配有清洁刀,用以清除轧辊上的飞花、杂质,防止棉网断头后卷绕在轧辊上。

2. 成条装置

成条装置由大喇叭口和大压辊组成。棉网由剥棉装置剥离后,经喇叭口集合、大压辊压缩成条。由于轧辊钳口线各点到集合器的距离不同,从而实现了纤维的混和、均匀作用。喇叭口收拢棉网而成条,喇叭口直径应与生条定量相配合。口径过小,棉条在喇叭口与大压辊间造成意外牵伸,影响均匀度;口径过大,达不到收集棉条的目的。压辊加压大小,同样会影响生条的收集程度。国内外均有用沟槽压辊、双压辊、双喇叭等增加条筒容量的措施。另外,采用棉网集棉器、导网器可有效减少破边、断头。

3. 圈条装置

圈条装置由小喇叭口、小压辊、曲线斜管和回转底盘组成。由大压辊输出的棉条,经小喇叭口进一步集束,小压辊牵引、压紧,由圈条曲线斜管有次序地导入棉条筒内。圈条曲线斜管与回转底盘有一定的偏心距,并有公转与自转的关系,棉条筒则随底盘旋转,因而圈放于条筒内的棉条便形成了有一定气孔的环形圈条层。

圈条有两种类型(图 1 - 3 - 17),一种是大圈条,即圈条直径大于条筒的半径,另一种是小圈条,即圈条直径小于条筒的半径。

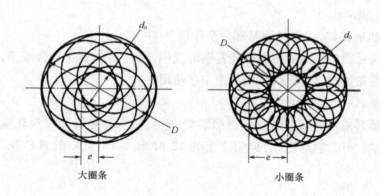

大圈条 小圈条

图 1 - 3 - 17　大圈条与小圈条

(四)其他辅助机构

1. 安全防轧装置

三辊剥棉装置的剥棉辊上方装有一包覆直脚钢丝弹性针布的安全清洁辊,用以防止剥棉辊返花轧伤道夫针布。安全清洁辊由单独电动机传动,当发生剥棉辊返花时,清洁辊以高速将剥棉辊上的返花打碎,并由清洁辊吸罩吸走打碎的飞花,防止飞花进入道夫锡林三角区轧伤道夫针布。

2. 自停装置

为保证安全、正常生产,梳棉机上设有多处自停装置。如大压辊出条处棉条断头、小喇叭口堵塞、小压辊绕花、剥棉辊和轧辊返花、圈条斜管堵塞分别设有光电自停装置或机械触点自停装置。

40

任务实施

根据任务要求,结合所选择的梳棉机工艺流程,熟悉并绘制梳棉机的工艺流程简图。

考核评价

表1-3-2 考核评分表

考核项目	原 棉		得 分
梳棉机工艺流程	100(按照设备的机构组成来绘制,少一机构扣5分)		
书写、打印规范	书写有错误一次倒扣4分,格式错误倒扣5分,最多不超过20分		
姓 名	班 级	学 号	总得分

思考与练习

绘制所选择梳棉机的工艺流程简图。

知识拓展

一、针布的纺纱工艺性能要求

针布包覆在刺辊、锡林、道夫和罗拉式剥棉装置的剥棉辊的筒体上,或包覆在盖板、预分梳板、固定分梳板铁骨的平面上。它们的规格型号、工艺性能和制造质量,直接决定着梳棉机的分梳、除杂、混和与均匀作用。

1. 具有良好的穿刺和握持能力

使纤维在两针面间受到有效的分梳。

2. 具有良好的转移能力

使纤维(束)易于从一个针面向另一个针面转移。即纤维(束)应能在锡林盖板两针面间顺利地往返转移,从而得到充分而细致的分梳;而已分梳好的纤维又能适时地由锡林向道夫凝聚转移,以降低针面负荷,改善自由分梳效能,提高分梳质量。

3. 具有合理的齿形和适当的齿隙容纤量

使梳棉机具备应有的吸放纤维能力,起均匀混和作用。

4. 具有良好的使用性能

针齿尖部锐利而耐磨,制作精度可保证针面光洁,符合梳棉机高速度、强分梳的生产要求,并且便于维修。

随着梳棉机产量的增加,纤维负荷增加,梳理度下降,为此必须设法减轻针布负荷,增加梳理度,因而锡林针布的总高随产量增加而减小,齿密随产量增加而增加。锡林针布齿条在向矮、浅、尖、薄、小(前角余角小,齿形小)发展,与之相配套的道夫、盖板针布也发生了相应变化。

针布分金属针布和弹性针布两大类。

二、金属针布

1.金属针布的齿形规格

不同的齿形和规格参数直接影响分梳、转移、除杂、混和均匀，以及抗轧防嵌等性能。金属针布规格型号的标记方法依据原纺织部 FJ 1130 ~ 1133—87 标准规定为：由适梳纤维类代号、总齿高、前角、齿距、基部宽及基部横截面代号顺序组成。棉的代号为 A。被包卷的部件的代号：锡林为 C、道夫为 D、刺辊为 T。总齿高 H 是指底面到齿顶面的高度，齿前角 β 为齿前面与底面垂直线的夹角，工作角 α 为齿前面与底面的夹角，有 $\alpha + \beta = 90°$。齿距 P 为相邻两齿对应点间的距离，齿尖厚度为 b，基部厚度为 W。以上参数中，以工作角、齿形、齿密和齿深较为重要。

（1）针齿工作角 α：针齿工作角 α（图 1 - 3 - 18），亦称齿面角。

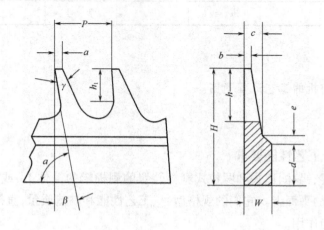

图 1 - 3 - 18　金属针布

H—总齿高　h—齿尖高（齿深）　h_1—齿尖有效高　α—工作角　β—齿前角　γ—齿尖角　P—纵向齿距

W—基部厚度　a—齿尖宽度　b—齿尖厚度　c—齿根厚度　d—基部高度　e—台阶高度

针齿工作角 α 的大小直接影响针齿对纤维的握持、分梳和转移性能。若 α 设计偏大，则针齿对纤维的握持力差，纤维易脱落，分梳作用不好。若 α 过小，纤维易滑向齿根，沉入针隙，造成分梳和转移不良。

（2）针齿的齿形：为了进一步提高梳理效能，要求针布既能加强分梳又能防止纤维沉入针根，为此设计采用了具有负角、弧背等新型齿形（图 1 - 3 - 19 ~ 图 1 - 3 - 21）。

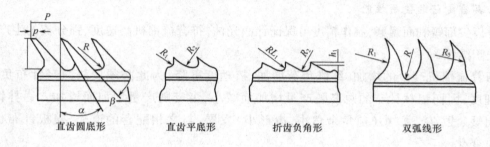

直齿圆底形　　　　直齿平底形　　　　折齿负角形　　　　双弧线形

图 1 - 3 - 19　不同齿形针布齿条

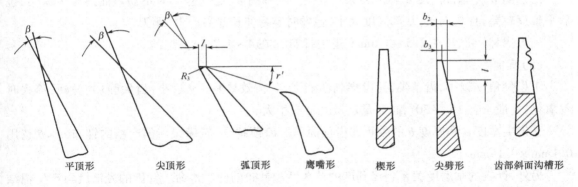

图 1-3-20　针布齿条齿顶形式　　　　图 1-3-21　针布齿条齿尖断面形式

①针布齿条不同齿形:

a. 直齿圆底形。易充塞纤维,分梳能力好,握持纤维能力强。

b. 直齿平底形。分梳纤维能力强,纤维易转移。

c. 折齿负角形。分梳纤维能力强,齿浅有利于纤维在两针齿间转移,对针面纤维负荷均匀,有利于混和作用。

d. 双弧线形。介于直齿圆底形与直齿平底形、折齿负角形之间,但齿形制造困难。

②针布齿条齿顶形式:

a. 平顶形。齿顶强度大,不易磨损,但刺入纤维能力差。

b. 尖顶形。齿顶强度小,易磨损,但分梳能力强。

c. 弧顶形。总体性能介于平顶形、尖顶形之间。

d. 鹰嘴形。齿顶强度大,不易磨损,分梳能力强,握持纤维能力强。

③针布齿条齿尖断面形式:

a. 楔形。握持纤维能力差,分梳纤维能力差。

b. 尖劈形。握持纤维能力更差,分梳纤维能力好。

c. 齿部斜面沟槽形,握持纤维能力强,分梳能力差。

(3)齿尖密度:齿尖密度影响分梳和转移。如适当增加锡林齿尖密度,则作用于每根纤维上的平均齿尖数增加,有利于增强分梳除杂作用,改善棉网结构,提高梳理质量。

金属针布的齿尖密度由横向密度和纵向密度组成,基部厚度 W 越小,横向密度越大。齿尖距 P 越小,纵向密度越大。对梳理质量的影响以横向密度更为显著。

一般横向密度与纵向密度之比为(1.5:1)~(2:1),国外最大的比例达4:1。

(4)齿尖深(h)和齿总高(H):锡林齿深 h_C 小,充塞在齿隙下部的纤维少,处在齿尖承受积极分梳的纤维多,转移率高,分梳质量好,生条棉结有所减少;浅齿能提高齿尖强度,抗轧性能好;浅齿还具有不易嵌塞破籽的特点,同时由于齿高较矮,产生气流较弱,从而减少了气流外溢。锡林齿深在 0.5~1mm。道夫齿深 h_D 较深,齿隙容量较大,有利于提高道夫抓取纤维并能较好地疏通锡林道夫三角区的气压与气流,促使纤维正常转移, h_D 在 1.4~2.5mm。

齿总高 H 与基部高度 d 和齿尖深 h 有关。基部高度太大,包卷时不易弯曲贴服于铁胎,包后平整度较差,且易倒条;基部高度太小,包卷时容易伸长并易产生"跳刀"。

一般锡林针布 H 在 2.5～3.6mm,道夫针布 H 在 4～4.7mm。

(5)其他

①齿尖角 γ 越小,齿越尖,针齿穿刺性能强,分梳效果好。γ 过小,齿尖脆弱、易断,淬火时易氧化,一般 γ 在 15°～30°,高产重定量时 γ 应稍大。

②齿尖宽度 a 和厚度 b 的乘积即齿顶面积。齿顶越小,越锋锐。国产新的针布 $a \times b$ 选用 0.1mm×0.15mm。

另外,针尖的耐磨度关系到锋利度的持久性和针布的使用寿命。针齿的光洁度与产生棉结的数量有关。

2. 锡林针布与道夫针布

(1)锡林针布:锡林针布在向矮、浅、薄、密、尖、小的方向发展,以提高梳理效果和均匀混和效果。

①采用矮齿、浅齿。锡林针布总齿高由原来的 3.2mm 减小至 3.0mm、2.8mm,甚至减小到 2.5mm、2.0mm、1.8mm、1.5mm;齿深由 1.1mm 减小到 0.6mm、0.4mm。

②采用薄齿、密齿。锡林针布的基布宽度明显减薄,由原来的 1.0～0.8mm 减至现在的 0.7～0.6mm,甚至 0.4mm,齿距则由 1.3mm 增大至 1.7mm,横纵向齿密比由 2 增大到 4.25,齿密 $[$齿$/(25.4mm)^2]$ 由 600 左右逐步增加至 700～1000。

③采用小工作角。随着锡林速度的提高,锡林针布的齿前角趋向增大,即工作角趋向减小,由 80°～78°减小为 75°、70°、65°、60°,极大地提高了锡林针布对纤维的握持、梳理能力。

④采用尖顶设计。锡林针布齿尖由平顶向尖顶过渡,齿顶面积由原来的 0.07mm×0.05mm 减小到 0.05mm×0.03mm,甚至更小,提高了针齿的穿刺能力。

(2)道夫针布:为了疏通锡林道夫三角区的高压气流,增加道夫针隙容纤量,提高道夫的转移率,道夫针齿宜采用小角度、深齿、齿隙大容量的设计,应配套选用道夫针布与锡林针布。一般道夫的工作角(58°～65°)小于锡林的工作角,道夫的齿高大于锡林的齿高,道夫的齿密小于锡林的齿密。

道夫的齿形有如下变化:

①采用特殊齿形设计,如双弧线齿形,这种齿形抓取、转移纤维的能力较好,抗轧能力也有所增强。

②齿总高增大,普遍采用 4.0mm、4.5mm、5.0mm,齿深也有明显增加。

③侧面用阶梯形、沟槽形,增强了握持转移能力。

④采用鹰嘴形齿尖、组合形齿尖,减小了齿尖部分的工作角,同时大大增强了转移能力和抗轧性。

3. 刺辊锯齿

刺辊锯条的齿形参数及代号基本与锡林针布、道夫针布相似,其发展趋势也是薄齿、浅齿、密齿,但适当加大了工作角。

三、弹性针布

弹性针布由底布和植在其上面的梳针组成(图1-3-22)，它是将钢丝弯折成"U"形梳针，按一定的工作角和分布规律植于带状底布上。

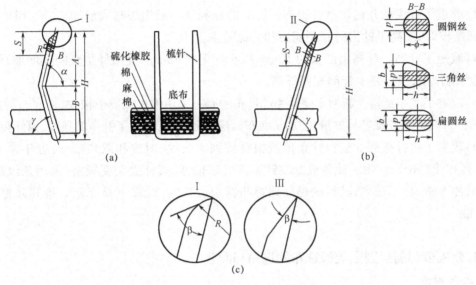

图1-3-22　弹性针布

如图1-3-22(a)所示，α为动角(工作角)，γ为植针角，另一种是将梳针设计成直脚状，如图1-3-22(b)所示。分梳时，直脚状梳针受到分梳力的作用易向后倾仰，使针尖沿弧状升起，引起两针面间的隔距变化，从而影响紧隔距、强分梳。要解决上述问题，直脚梳针应增强底布的握持力，提高梳针刚度，以减少后仰角度；或将梳针设计成弯膝状，可利用下膝部分后仰使针尖降低，抵消上膝部分后仰引起的针尖升高，减少梳针受力后的隔距变化。为了提高梳针的抗弯刚度，可根据不同的工艺要求，将梳针设计成不同规格、不同形状的异形截面，如圆形、三角形、扁圆形、矩形、双凸形等。梳针采用优质合金钢，以提高针尖的耐磨度。

1. 底布

底布由硫化橡胶和棉织物、麻织物等多种织物用混炼胶胶合而成，底布是植针的基础。底布必须强力高、弹性好、伸长小。目前弹性针布的底布有五层、七层、八层橡皮面等。

2. 植针形式

根据不同的工艺要求，植在底布上的梳针可采用不同的规格，不同的截面形状，如圆形、三角形、扁圆形、矩形、双凸形等。过去锡林针布的植针方式多采用条纹，为了增加横向针密和改善针尖排列，现多用缎纹、斜纹。另外，盖板针布的结构有双列与单列之分。

3. 新型弹性针布

为适应高产优质的需要，近期研制了多种新型半硬性盖板针布，其具有较好的工艺性能。主要特点如下：

(1)改进了梳针的截面形状。半硬性针布把梳针截面由圆形、三角形、扁圆形发展到目前的双凸形、椭圆形、卵形等不同形状的截面,提高了梳针的抗弯刚度,减少了梳针分梳时的弯曲变形,钢针的握持能力随之提高,梳理能力大大增强。

(2)增加了梳针横向密度。梳针横向密度对分梳作用影响较大,通过改进植针方式,增加了横向密度,改善了分梳效果。

(3)改进了针尖的几何形状并提高了针尖的锋利度。采用切割成形加工,梳针针尖呈尖劈形,锋利度较好,提高了针齿的穿刺能力和分梳效果。

(4)减短了针高。针高由原来的10mm减小到7.5~8mm,使梳针抗弯刚度增加,能承受较大分梳力的作用,也可减少针间充塞纤维。

(5)改进了底布结构。新型半硬性弹性针布的底布采用橡皮面或中橡皮,使底布耐油、耐温、弹性好,抄针时嵌塞纤维容易抄清;增加了底布的层次和厚度,提高了针布的强度、弹性和握持力。

(6)改变了植针排列。盖板针布传统植针排列有斜纹、缎纹和双列植针,近年来又开发了稀密排列和花型排列。为了使盖板趾端针尖密度较稀,踵端针尖密度较密,采用条纹和缎纹结合型(又称稀密型)的排列,其目的是使锡林与盖板分梳时,趾端不易充塞纤维和破籽,以提高分梳效能。

四、分梳板和前后固定盖板针布的选用与配套

1. 选用因素

选用附加分梳元件针布应考虑以下因素:

(1)加工纤维的性质(如种类、长度等)。

(2)梳棉机的工艺(如产量、速度等)。

(3)纺纱要求(如纱的线密度等)。

(4)刺辊、锡林、道夫、盖板针布间的相互配套及规格参数间的相互影响。

(5)梳理作用应依次循序增加,如设 N_T、N_F、N_C 分别为刺辊、盖板、锡林的针齿密度,N_1、N_2、N_3 分别为刺辊分梳板、后固定盖板、前固定盖板的针布齿密,则 $N_T \leqslant N_1 \leqslant N_2 \leqslant N_F \leqslant N_3 \leqslant N_C$;

(6)刺辊分梳板、前后固定盖板针布应具自洁能力,即不充塞纤维和杂质,始终保持针面清洁,但又应具有握持分梳纤维的能力。

配套选用附加分梳件针布应考虑上述6个因素,才能发挥良好的梳理效果,获得满意的梳理质量和优良的产品。

2. 刺辊分梳板针布的选用与配套

(1)齿密 N_1

①进入刺辊分梳板梳理区的纤维和棉束,已经过刺辊与给棉板间的握持分梳,棉卷中的棉束已经刺辊锯齿梳解,棉束已有所减小,因此 N_1 应大于 N_T($N_1 > N_T$)。

②刺辊对棉卷的握持分梳存在差异,棉束大小差异较大,还存在较大棉束,因而齿密 N_1 还应接近刺辊齿密,不应过大($N_1 \approx N_T$)。

③为使刺辊分梳板针齿不充塞纤维,具有自洁能力,齿密 N_1 不应大于 N_T。刺辊分梳板齿密应接近和略大于刺辊齿密,故 $N_1 \geqslant N_T$。一般 $N_T = 36 \sim 48$ 齿/$(25.4mm)^2$,故刺辊分梳板可选用

$N_1 = 40 \sim 90$ 齿/$(25.4\text{mm})^2$，棉纤维 $N_1 = 60 \sim 90$ 齿/$(25.4\text{mm})^2$，化纤 $N_1 = 40 \sim 60$ 齿/$(25.4\text{mm})^2$。

（2）工作角

①刺辊分梳板针齿应具有握持分梳和自洁的能力，因此工作角不能过大，也不能过小。

②刺辊分梳板针齿较稀，齿形较大，齿深不能过浅，为保持自洁能力，应有较大的工作角。由此可见，工作角也应接近并略大于刺辊针齿的工作角。加工化纤时，刺辊一般 85°~95°，分梳板宜采用 90°或略大为宜（如中长纤维时）。

分梳板锯片一般采用平行倾斜排列（倾斜角为 7°~7.5°），这样可减少纵向重复梳理，增加横向梳理，利于加强对纤维束的分梳；同时使部分纤维与锯齿背面棱边接触，增加纤维的上升分力，以利于防止分梳板锯齿充塞纤维，增加锯齿的自洁能力。

（3）齿距　一般在 4~5mm，其纵向齿密接近并略大于刺辊锯齿。

3. 后固定盖板针布的选用与配套

（1）齿密 N_2

①棉束纤维经刺辊分梳板分梳后进入后固定盖板梳理区，纤维受梳理程度已增加，棉束进一步减小，齿密 N_2 应略大于刺辊分梳板齿密。

②后固定盖板分梳后进入盖板梳理区，齿密 N_2 应小于盖板针密 N_F。

③锡林针布齿密大，工作角小，对纤维棉束的握持抓取力大，有利于后固定盖板针齿保持自洁能力，后固定盖板齿密可较分梳板适当增大，但后固定盖板锯齿仍较粗大，齿深较大，为保持针齿自洁能力，齿密不应比分梳板齿密增大过多。

由此可见，应 $N_1 \leqslant N_2 \leqslant N_F$。如不采用刺辊分梳板而直接用后固定盖板，齿密应适当减小，即 $N_T \leqslant N_2 \leqslant N_F$。一般 $N_2 = 80 \sim 240$ 齿/$(25.4\text{mm})^2$，棉纤维 $N_F = 350 \sim 450$ 齿/$(25.4\text{mm})^2$，$N_1 = 60 \sim 90$ 齿/$(25.4\text{mm})^2$，可采用 $N_2 = 80 \sim 180$ 齿/$(25.4\text{mm})^2$，纺化纤时，N_2 可稀些，纺细号纱时，可适当密些。

（2）工作角

①后固定盖板针齿同样应具有握持分梳能力和自洁能力，工作角也不能过大或过小。

②锡林针布针齿密，工作角小，握持抓取力大，有利于后固定针面的自洁能力，但后固定盖板齿形仍较大、较深，工作角不能过小。

由此，后固定盖板针齿工作角在 80°~90°，棉纤维以 85°左右为宜，化纤以 90°为宜。后固定盖板齿条应平行倾斜排列，以加强分梳作用和自洁能力。

4. 前固定盖板针布的选用与配套

（1）齿密 N_3

①纤维经锡林盖板细致梳理后，再进入前固定盖板区梳理，其齿密 N_3 应大于盖板针密 N_F，否则就不能充分发挥前固定盖板的分梳效能。

②前固定盖板针齿小，齿浅，而且锡林针布密，工作角小，握持抓取力大，因而前固定盖板针齿自洁能力强，其齿密 N_3 可密些。

由此，$N_F \leqslant N_3 \leqslant N_C$。如果前固定盖板针布太稀，对已经过锡林盖板密齿梳理过的纤维，再进行前固定稀齿梳理，就不能充分发挥其梳理效果。

前固定盖板加密后,生条成纱棉结降低,粗细节均有所改善。棉纤维中号纱齿密在 $620 \sim 640$ 齿/$(25.4mm)^2$,细号纱在 $800 \sim 950$ 齿/$(25.4mm)^2$,粗号纱和化纤在 $240 \sim 400$ 齿/$(25.4mm)^2$。

（2）工作角

①前固定盖板针齿应具有握持分梳能力和自洁能力,工作角应大小适当。

②锡林针齿密,工作角小,握持抓取能力强,有利于前固定盖板针布自洁,同时前固定盖板齿形小,齿浅,自洁能力强,工作角可适当小些。

故工作角宜采用 $70° \sim 85°$,可根据加工纤维（棉或化纤）、锡林针布工作角以及自身齿深大小等因素而适当选用。

任务4　精梳设备及其工艺流程

● 学习目标 ●

1. 能认知精梳机及其准备机械的设备与型号;
2. 能认知精梳机及其准备机械的机构组成;
3. 能熟练写出精梳机及其准备机械的工艺流程。

◉ 任务引入

为了确保纤维更充分地分梳、除杂,需要在梳棉的基础上,对梳棉条（生条）做进一步的处理,使其达到规定的单纤化程度且含杂量尽量地少。

◉ 任务分析

为实现上述工作任务,需要充分认识精梳机及其准备机械的机构及工艺流程。

◉ 相关知识

一、精梳工序的任务

为了纺制高档纱线或特种纱线,如纯棉高档汗衫、细密府绸、涤/棉织物用纱,轮胎帘子线,高速缝纫线,工艺刺绣线等,均需经过精梳加工,以提高纱线的强度、条干的均匀度、纤维表面的光洁度等性能。精梳工序的主要任务是:

（1）排除梳棉条中一定长度以下的短纤维,提高纤维长度的整齐度,提高成纱强力,降低强力不匀率。

（2）进一步清除梳棉条中残留的棉结、杂质和疵点,提高纤维的光洁度,改善成纱外观质量。

（3）进一步分离纤维,提高纤维的伸直平行度,提高成纱条干的均匀度和强力,增强成纱光洁度。

（4）制成均匀的精梳棉条并卷绕成形。

二、精梳准备机械

1. 精梳准备的任务

（1）提高纤维的伸直平行度：利用精梳准备机械的牵伸作用提高条卷中纤维的伸直平行度，减少纤维和梳针的损伤，降低落棉中长纤维的含量，以利于节约用棉。

（2）制成均匀的条卷：制成大容量、定量正确、边缘整齐、棉层清晰和纵横向均匀的条卷，以利于在精梳机上均匀握持，提高精梳质量。

2. 精梳准备工艺

目前采用的精梳准备机械有并条机、条卷机、并卷机和条并卷联合机，它们组合成三类精梳准备工艺。

（1）条卷工艺：梳棉生条→并条机→条卷机，该准备工艺的总并合数在120～192，总牵伸倍数在8～14倍，小卷层次清晰，不粘卷，但存在明显的条痕，横向均匀度差。该工艺的工艺流程短，结构简单，投资少。

（2）并卷工艺：梳棉生条→条卷机→并卷机，该准备工艺的总并合数在120～160，总牵伸倍数在8～14倍，经过6层棉网的叠合，棉层层次清晰，纵横向均匀度好。

（3）条并卷工艺：梳棉生条→并条机→条并卷联合机，该准备工艺的总并合数在144～224，总牵伸倍数在9～20倍。该工艺条卷均匀度好，纤维伸直度高，棉层清晰。但占地面积大，小卷易粘连，对车间温湿度要求较高。

3. 精梳准备机械

（1）FA331型条卷机：如图1－4－1所示，导条辊与压辊将24根棉条从棉条筒内引出，在导条平台上转过90°后平行排列，然后在导条辊的引导下，经牵伸装置牵伸后再经一对气动紧压

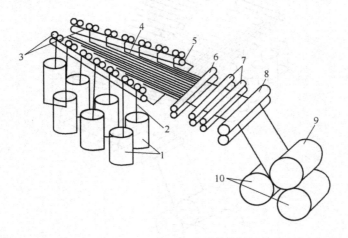

图1－4－1　FA331型条卷机的工艺过程

1—棉条筒　2—棉条　3—压辊　4—V形导条平台　5—导条辊　6—导条罗拉

7—牵伸罗拉　8—紧压辊　9—小卷　10—棉卷罗拉

辊压紧,最后由棉卷罗拉卷绕成条卷。该机采用高架与低架平台相接合的方式(该图只画出低架平台)。

(2)FA344型并卷机:如图1-4-2所示,将6只条卷分别放在喂卷罗拉上,由喂卷罗拉退绕后经喂棉板由导卷罗拉引导分别进入各自的牵伸装置。经牵伸后的棉网,绕过光滑的棉网曲面导板转过90°后,6层棉网在平台上进行叠合,经输棉罗拉输送到两对紧压罗拉将棉层压紧,再由棉卷罗拉制成条卷。

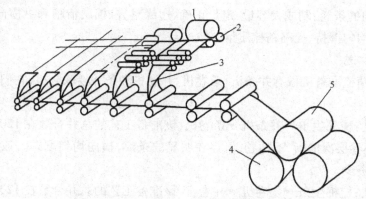

图1-4-2 FA344型并卷机的工艺过程

1—棉卷 2—喂卷罗拉 3—曲面导板 4—棉卷罗拉 5—小卷

(3)FA356型条并卷联合机:如图1-4-3所示,FA356型条并卷联合机喂入机构分为二组,各有12~14根棉条喂入。采用高架式导条,可减少阻力,方便操作。二组棉层经牵伸后由曲面导板转过90°,在输棉平台上完成二层棉层的重叠,然后经两对紧压罗拉压紧,由棉卷罗拉

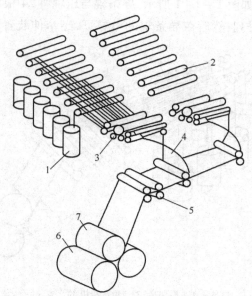

图1-4-3 FA356型条并卷联合机的工艺过程

1—棉条筒 2—导条罗拉 3—牵伸装置 4—曲面导棉板

5—紧压罗拉 6—棉卷罗拉 7—小卷

制成条卷。

三、FA269 型精梳机工艺流程

如图 1 - 4 - 4 所示,条卷在承卷罗拉的作用下退绕,条卷棉层经偏心张力辊输入给棉罗拉,给棉罗拉每次间歇给棉,给出的棉层经钳板钳口,当钳板向后摆动钳口闭合时,钳板握持须丛的后端,锡林上的锯齿刺入钳口外的须丛中,逐步梳理须丛的前端,使纤维的前弯钩伸直平行,同时清除须丛中的短纤维及棉结杂质和疵点。当锡林梳理完毕,钳板向前摆动,钳板逐步靠近分离罗拉钳口。在钳板向前摆动过程中,上钳板逐渐开启,钳口外的须丛回挺伸直。同时,被分离罗拉钳住的棉网倒入机内一定长度,准备与已梳理过的须丛前端接合,分离罗拉倒转结束后变为顺转,当钳板外的须丛前端到达分离罗拉钳口,分离开始,须丛被张紧。同时,顶梳刺入须丛中,随着分离罗拉的顺转,须丛的后端受到顶梳的梳理,使须丛的后弯钩伸直平行。同时,须丛中的短纤维、棉结杂质和疵点阻留于顶梳后面的须丛中,待锡林梳理时去除。当钳板与顶梳到达最前位置时,意味着分离接合结束。钳板与顶梳开始后退,给棉罗拉给棉,准备重复上述的工作过程。输出的棉网经过棉网托板、引导罗拉到达集束托棉板,再经过垂直向下的集合器集束成条,棉条经导向压辊和导条钉做直角转向,8 根棉条在台面上平行排列,再经并合牵伸为一根

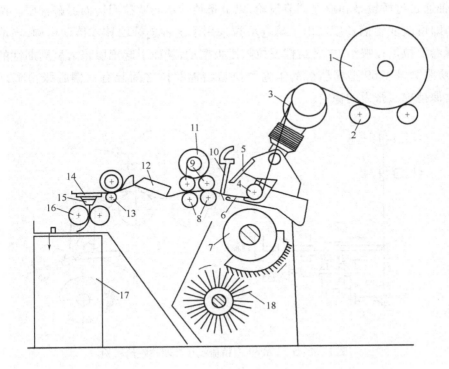

图 1 - 4 - 4　FA269 型精梳机的工艺过程

1—条卷　2—承卷罗拉　3—偏心张力辊　4—给棉罗拉　5—上钳板　6—下钳板　7—锡林

8—分离罗拉　9—分离胶辊　10—顶梳　11—绒辊　12—棉网托板　13—引导罗拉

14—集合器　15—喇叭口　16—导向压辊　17—棉条筒　18—圆毛刷

棉条。然后,棉条由一对圈条压辊及圈条斜管圈放在棉条筒内。被锡林梳下的短纤维、棉结杂质和疵点由高速回转的毛刷刷下,形成的落棉由气流吸走。

精梳机由钳持喂给机构、梳理机构、分离接合机构、落棉输出机构等组成。精梳锡林回转一周即精梳机完成一个工作循环,称为一个钳次。精梳机的每一工作循环可分为四个阶段,即锡林梳理阶段、分离前的准备阶段、分离接合与顶梳梳理阶段、锡林梳理前准备阶段。

四、钳持喂给机构

在精梳机的一个工作循环中,钳持喂给部分要发挥以下的作用:

(1)定时喂入一定长度的小卷;

(2)正确及时地钳持棉层供锡林梳理;

(3)及时松开钳板钳口,使钳口外须丛回挺伸直;

(4)正确地将须丛向前输送,参与以后的分离、接合工作。

精梳机的钳持喂给机构包括承卷罗拉喂给机构、给棉罗拉喂给机构和钳板机构。

1.承卷罗拉喂给机构

FA269 型精梳机承卷罗拉喂给机构是连续回转式喂给机构,如图 1−4−5 所示。主传动油箱中的副轴通过过桥轮系和喂卷调节齿轮,以链条传动承卷罗拉回转而退解棉层。调节喂卷调节齿轮 E,即可改变给棉长度。由于承卷罗拉采用了这种连续回转式传动机构,当给棉罗拉不给棉时,承卷罗拉仍在喂给,加之给棉罗拉随钳板摆动,从而引起棉层张力呈周期性的波动。为了稳定棉层张力,FA269 型精梳机的承卷罗拉与给棉罗拉之间装有一偏心张力辊,用于贮存、释放棉层,保持棉层张力的稳定。

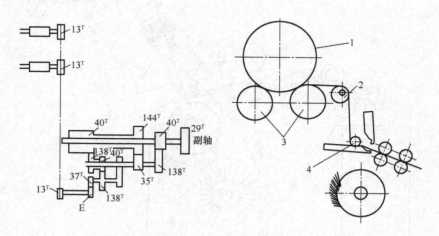

图 1−4−5　FA269 型精梳机承卷罗拉喂给机构

1—小卷　2—偏心张力辊　3—承卷罗拉　4—给棉罗拉

2.给棉罗拉喂给机构

给棉罗拉置于下钳板上,FA 系列精梳机采用单罗拉给棉机构,由给棉罗拉和弧形给棉板组成握持钳口,由钳板两侧的扭簧在给棉罗拉轴承套上加压。具有机构简单、生头方便、握持牢靠、给棉滑溜少等优点。给棉形式分为前进给棉和后退给棉。

(1)前进给棉:前进给棉即给棉罗拉在钳板向前摆动时输送棉层,完成给棉运动。如图 1-4-6 所示,当钳板前进时上钳板逐渐开启,带动装在上钳板上的棘爪将固装于给棉罗拉轴端的给棉棘轮 Z_2 拉过一齿,使给棉罗拉转过一定角度而产生给棉动作,喂给一定长度的棉层;当钳板后退时,棘爪在棘轮上滑过,给棉罗拉不给棉。

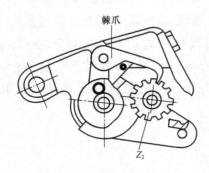 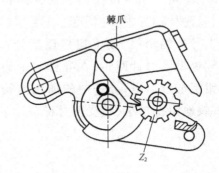

图 1-4-6 前进给棉　　　　　图 1-4-7 后退给棉

(2)后退给棉:后退给棉即给棉罗拉在钳板后摆时输送棉层,完成给棉运动。如图 1-4-7 所示,当钳板后退时,上钳板逐渐闭合,带动装于上钳板上的棘爪,将固装于给棉罗拉轴端的给棉棘轮 Z_2 撑过一齿,使给棉罗拉转过一定角度而产生给棉动作,喂给一定长度的棉层;当钳板前进时,给棉罗拉随钳板前摆,钳口逐渐打开,棘爪在棘轮上滑过,给棉罗拉不给棉。

3. 钳板机构

精梳机的钳板机构由上下钳板、钳板摆动机构、钳板摆轴传动机构组成,其作用是钳持棉层供锡林梳理,并将锡林梳理过的须丛送到分离罗拉钳口进行分离结合。

(1)上下钳板:钳板握持须丛能力的强弱直接影响锡林梳理及落棉率。因此,为了增强钳板的握持能力,上、下钳唇分别设计成凹凸状曲面结构,且上钳唇前端下突,如图 1-4-8 所示。

(2)钳板摆轴的传动机构:钳板的前后运动由钳板摆轴驱动,而钳板摆轴的动作来自车头钳板摆轴的传动机构。FA269 型精梳机的钳板摆轴传动机构有曲柄、滑块、滑杆等机件,如图 1-4-9 所示。

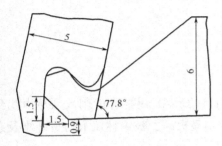 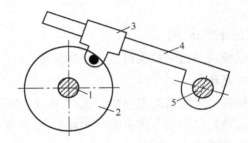

图 1-4-8 钳板钳口结构　　　　　图 1-4-9 钳板摆轴的传动机构

　　　　　　　　　　　　　　　　1—锡林轴　2—法兰盘　3—滑套　4—滑杆　5—钳板摆轴

在锡林轴上固装有一法兰盘,在离锡林轴心65mm处装有滑套,钳板摆轴上装有L形滑杆,滑杆套在滑套内。锡林轴回转一周,通过滑套、滑杆使钳板摆轴正反向摆动一次。

(3)钳板摆动机构:钳板摆动机构是指以钳板摆轴和钳板摇架支点为固定支点的四连杆传动机构,如图1-4-10所示。上钳板架铰接于下钳板座上,其上固装有上钳板。张力轴上装有偏心轮,导杆上端装于偏心轮的轴套上,下端与上钳板架铰接,导杆上装有钳板钳口加压弹簧。当钳板摆轴逆时针回转时,有固装其上的钳板后摆臂推动下钳板座上的下钳板以锡林轴为中心(活套)前摆,同时,由钳板摆轴传动的张力轴也做逆时针方向转动,再加上导杆的牵吊,使上钳板逐渐开口;当钳板摆轴做顺时针方向转动时,下钳板后退,张力轴也做顺时针回转,在导杆和下钳板座的共同作用下,上钳板逐渐闭合。钳板闭合后,下钳板继续后退,导杆中的加压弹簧受压使导杆缩短而对钳板钳口施加压力,以便钳板能有效地钳持棉丛,接受锡林梳理。

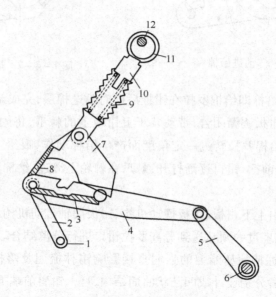

图1-4-10 钳板摆动机构

1—锡林轴(摇架支点) 2—钳板前摆臂 3—下钳板 4—下钳板座 5—钳板后摆臂
6—钳板摆轴 7—上钳板架 8—上钳板 9—加压弹簧
10—导杆 11—偏心轮 12—张力轴

五、梳理机构

精梳机的梳理机构包括锡林与顶梳。

1. 锡林

锡林是精梳机的主要梳理机件,由于上下钳板握持须丛的后端,锡林针齿刺入须丛由浅到深梳理须丛的前端。须丛前弯钩被梳直,纤维平行伸直度明显提高。被锡林梳下的短纤维及杂质形成落棉。

精梳锡林有梳针式和锯齿式。FA269型精梳机采用锯齿锡林。根据结构和装配方式不同,锯齿锡林可分为粘合式和嵌入式两种。

（1）粘合式锯齿锡林：使用粘合剂将锯条粘合在锡林弓形板上，弓形板再固定于铁胎上，弓形板的两侧有挡板，形成粘合式锯齿锡林，锡林再由法兰固装于锡林轴上，如图1-4-11所示。粘合式锯齿锡林分为两种，一种是整个锡林上的锯齿密度和规格都相同，也叫锯齿整体锡林。另一种是把不同密度和规格的锯条分别粘合在弓形板上，在锡林针面上由前到后形成前稀后密，锯齿工作角由大到小，锯齿深度由深到浅，锯齿高度由高到低，这种锡林能逐步加强对须丛的梳理作用，提高梳理效果。

（2）嵌入式锯齿锡林：如图1-4-12所示，将3~6组不同规格的齿片用嵌条及螺钉固定在弧形基座上，两侧有挡板，形成嵌入式锯齿锡林，锡林再由法兰固装于锡林轴上。锡林上各组齿片的齿形、工作角及厚度等系数可根据不同工艺要求设计，损坏后维修、更换较方便。

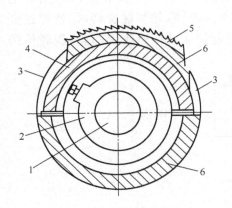

图1-4-11 粘合式锯齿锡林

1—锡林轴 2—法兰 3—挡板 4—铁胎

5—锯条 6—弓形板

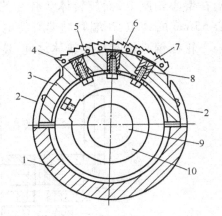

图1-4-12 嵌入式锯齿锡林

1—弓形板 2—挡板 3—弧形基座 4—销轴

5—第一组齿片 6—第二组齿片 7—第三组齿片

8—嵌条 9—锡林轴 10—法兰

2. 顶梳

顶梳的作用是梳理须丛的后端，当分离罗拉握持须丛的前端，顶梳刺入须丛中时，由于分离罗拉顺转，须丛从顶梳中抽过，须丛后部纤维被顶梳梳理，短绒、杂质和棉结等也被顶梳阻留在顶梳的后面。

顶梳的结构如图1-4-13所示，顶梳固装于上钳板上，由顶梳托脚、梳针针板和梳针组成。

图1-4-13 顶梳的结构

六、分离接合机构

精梳机分离接合机构由分离罗拉、分离胶辊及其传动机构组成,其作用是在精梳机每一工作循环中,把锡林、顶梳梳理过的纤维从须丛中分离出来,并与前一工作循环形成的纤维网接合在一起,然后输出一定长度的棉网。为了实现新、旧纤维丛的分离、接合和输出棉网,在一个工作循环中,分离罗拉、分离胶辊不仅要正转、倒转,在锡林梳理阶段还要保持基本静止,而且顺转(正转)量要大于倒转量,以保证有效地输出棉网。

分离罗拉运动由动力分配轴的恒速与连杆机构或共扼凸轮滑块机构产生的变速通过差动轮系合成为变速运动。FA269 型精梳机的分离罗拉传动机构如图 1 - 4 - 14 所示,它由平面多连杆机构和外差动轮系组成。固装于锡林轴 O 上的 143^T 齿轮受动力分配轴上的 29^T 齿轮传动做恒速旋转。偏心轮座活套在锡林轴上,并固定于墙板上静止不动。偏心轮活套在偏心轮座上,而旋转体活套在偏心轮上;连杆 AB 的 A 端联结于 143^T 齿轮上偏离其中心 65mm 的 A 点,B 端联结偏心轮的 B 点;因此,143^T 齿轮恒速旋转时,通过连杆 AB,带着偏心轮在偏心轮座与旋转体之间,绕偏心轴做旋转运动。由于偏心轮、旋转体的中心

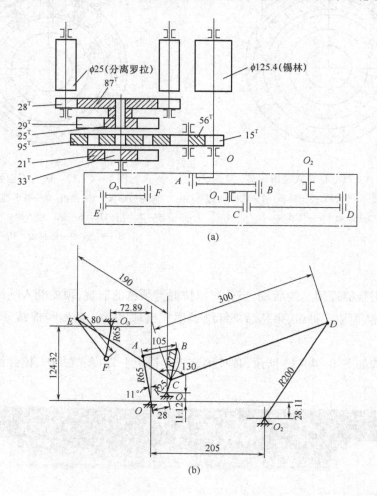

图 1 - 4 - 14　FA269 型精梳机的分离罗拉传动机构

合一,则旋转体中心的运动规律相当于将 143^T 齿轮、偏心轮座、偏心轮组合简化成一个绕偏心轮中心 O_1 旋转,其旋转半径为 O_1C 的曲柄,C 端为旋转体的中心。这样,摆杆 O_2D、曲柄 O_1C、差动摆臂 O_3F、连杆 EF 及连杆 ECD 组成一个双曲柄六连杆机构。随着摆杆 O_2D 的摆动与曲柄 O_1C 的旋转,通过 ECD、EF,产生一个推动差动连杆 O_3F 绕 O_3 摆动运动的变速。使外差动轮系中的 33^T 随之前后转动。

由锡林轴经 15^T、56^T 传动差动臂齿轮 95^T 的恒速使分离罗拉顺转;由平面双曲柄多连杆传动机构产生通过首轮摆臂 O_3F 传给 33^T 首轮的变速,在一钳次中,多连杆机构使 FO_3 左右摆动一次,首轮也随之正反向转动一次,使分离罗拉产生倒转和顺转。差动轮系将恒速与变速合成,由分离罗拉传动齿轮输出,最终分离罗拉按"倒转 – 顺转 – 基本静止"规律运动。一钳次中,分离罗拉的顺转量大于倒转量,其差值称为有效输出长度。

七、落棉输出机构

1. 车面输出部分

FA269 型精梳机棉网由分离罗拉输出,经托网板、集合器和导向压辊输出成条,绕过导条钉转过 90° 后,8 根棉条经牵伸并合后圈条成形。由于分离须丛周期性的接合,使接合棉网呈周期性厚薄不匀,因此集合器偏向一边,使棉网经过托网板和集合器集束时有一定的均匀混和作用。另外,棉网经分离罗拉输出后不立即成条,经一段松弛区后再成条,有利于改善精梳条的结构和均匀度。

2. 牵伸机构

FA269 型精梳机采用倾斜式三上五下曲线牵伸形式,如图 1 – 4 – 15 所示。直径为 50mm 的中、后胶辊分别骑跨在两个直径为 27mm 的罗拉上,使后牵伸区与主牵伸区均为曲线牵伸,加强了对牵伸区纤维运动的控制。后区牵伸倍数为 1.14 ~ 1.50,前区牵伸倍数为 7.89 ~ 10.66,总牵伸倍数为 9 ~ 16。

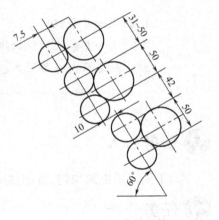

图 1 – 4 – 15 牵伸机构

3. 圈条机构

FA269 型精梳机采用单筒单圈条,随着精梳机产量的提高,条筒规格较大($\phi600 \times 1200mm$),且配有自动增容和自动换筒装置。其容量可增加 15% ~ 20%。

4. 落棉排除部分

FA269 型精梳机落棉由毛刷刷下,经气流作用由管道输送,集体排除落棉。

🔧 任务实施

根据任务要求,结合所选择的精梳机及其准备机械的工艺流程,熟悉并绘制精梳机及其准备机械的工艺流程简图。

考核评价

考核评分表

项　目	原　棉	得　分
条卷机的工艺流程	20（按照设备的机构组成来绘制,少一机构扣2分）	
并卷机的工艺流程	20（按照设备的机构组成来绘制,少一机构扣2分）	
条并卷机的工艺流程	20（按照设备的机构组成来绘制,少一机构扣2分）	
精梳机的工艺流程	40（按照设备的机构组成来绘制,少一机构扣2分）	
书写、打印规范	书写有错误一次倒扣4分,格式错误倒扣5分,最多不超过20分	

姓　名		班　级		学　号		总得分	

思考与练习

绘制所选择精梳机及其准备机械的工艺流程简图。

任务5　并条机及其工艺流程

● 学习目标 ●

1. 能认知并条机型号;
2. 能认知并条机的机构组成;
3. 能熟练写出并条机工艺流程。

任务引入

为了使棉条更加均匀,就需要采用并合的方式来实现。

任务分析

为实现棉条的均匀,就需要认识进行棉条并合,提高棉条均匀度的并条机。

相关知识

一、并条工序的任务

由于生条或精梳条的重量不匀率较高,且在普梳纺纱系统中生条中的纤维排列也很紊乱,大部分纤维呈弯钩卷曲状态,并有部分小纤维束存在。为了获得优质的细纱,必须经过并条工序。并条工序的主要任务是:

1. 并合

将6~8根条子随机并合,改善熟条的长、中片段均匀度,使熟条的重量不匀率降到1%以下。

2. 牵伸

牵伸可以改善条子的结构,提高纤维的伸直、平行度和分离度。

3. 混和

利用反复并合和牵伸实现单纤维之间的混和。特别是在棉与化纤混纺时,常采用条子混和,以保证条子的混棉成分正确、均匀,避免纱线或织物染色后产生"色差"。

4. 成条

经过并合、牵伸、混和后的纤维层,再经集束、压缩制成棉条,并有规律地圈放在条筒内,便于搬运和后道工序的加工。

二、FA326A 型并条机的工艺过程

如图1-5-1所示,在并条机机后导条架的下方放置6~16个喂入棉条筒,分为两组。棉条经导条罗拉积极喂入,并借助于分条器将棉条平行排列于导条罗拉上,并列排好的两组棉条有秩序地经过导条块和给棉罗拉,进入牵伸装置。经过牵伸的须条沿前罗拉表面,并由导向胶辊引导,进入紧靠在前罗拉表面的弧形导管,再经喇叭口聚拢成条后由紧压罗拉压紧成光滑紧密的棉条,再由圈条盘将棉条有规律地圈放在输出棉条筒中。

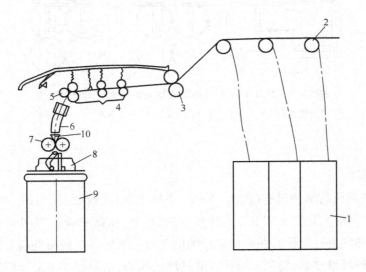

图1-5-1 FA326A 型并条机的工艺过程

1—棉条筒 2—导条罗拉 3—给棉罗拉 4—牵伸装置 5—导向胶辊

6—弧形导管 7—紧压罗拉 8—圈条盘 9—棉条筒 10—喇叭口

棉纺生产一般采用两道或三道并条,依次称为头道、二道、三道并条,最后一道并条机制成的棉条称为熟条,其他各道制成的棉条称为半熟条。

FA326A 型并条机主要有喂入机构、牵伸机构、成条机构、自动换筒机构及自调匀整装置组成。

三、喂入机构

FA326A 型并条机采用高架积极式顺向喂入机构,主要由导条罗拉、导条支杆、分条器和一对给棉罗拉组成,如图 1 – 5 – 2 所示。导条架上还装有 4 组光电自停检测装置,当棉条拉断时自动停车,以保证纺出棉条重量稳定。棉条由棉条筒经导条罗拉积极回转向前喂入,经给棉罗拉喂入牵伸装置。

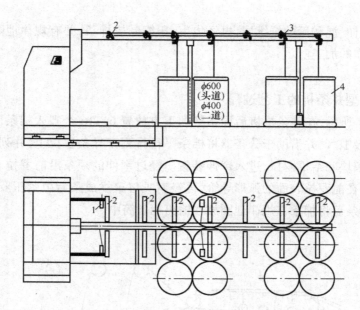

图 1 – 5 – 2　FA326A 型并条机高架积极式顺向喂入机构

1—光电自停检测装置　2—导条罗拉　3—分条器　4—棉条筒

四、牵伸机构

FA326A 型并条机的牵伸机构(图 1 – 5 – 3)主要由罗拉、胶辊、压力棒、加压装置及集束器等机件组成,其牵伸形式是三上三下压力棒加导向胶辊的曲线牵伸。棉网先经后区预牵伸,然后进入前区主牵伸区进行牵伸。在牵伸机构的前区有一下压式横截面呈扇形的压力棒,牵伸时弧形曲面与被牵伸纤维接触,增强了牵伸区对纤维的控制,从而提高了牵伸质量。

1. 罗拉

罗拉是牵伸的主要元件,它和上胶辊组成握持钳口。罗拉表面均设有不等距螺旋沟槽,以增加罗拉与胶辊握持纤维的能力,顺利完成牵伸,同时更有利于高速。

2. 胶辊

胶辊也称为上罗拉,胶辊依靠下罗拉回转摩擦带动。并条机上的胶辊是单节活芯式,胶辊

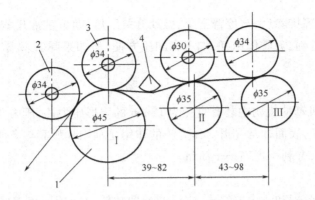

图 1 – 5 – 3   FA326A 型并条机牵伸机构简图

1—罗拉 2—导向胶辊 3—胶辊 4—压力棒

用轴承钢作芯轴,两端装有滚柱轴承,回转平稳、灵活,芯轴外包覆丁腈橡胶套管。胶辊既有硬度又有弹性,因此胶辊与罗拉组成的钳口,既有一定的握持能力,以保证有效地完成牵伸,又有一定的弹性,可以使纤维顺利通过。

3. 加压机构

罗拉加压主要是为了保证罗拉钳口对纤维有足够的握持力,从而更好地控制纤维运动,确保正常牵伸,提高成条质量。罗拉加压量的大小主要与牵伸倍数、罗拉速度及原料种类等因素有关。

FA326A 型并条机弹簧摇架加压机构如图 1 – 5 – 4 所示,加压时,将摇架下压,使加压钩钩住前加压轴,再按下加压手柄,弹簧压力便通过各加压轴施加于胶辊及压力棒的端轴上;卸压时向前抬起加压手柄,使加压钩脱离前加压轴,整个摇架在蝶形簧平衡力的作用下向上抬起,可停留在操作所需任意位置。当纤维缠胶辊时,加压轴上升,自停螺钉使自停臂抬起,触动微动开

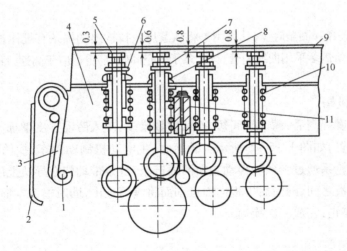

图 1 – 5 – 4   FA326A 型并条机弹簧摇架加压机构

1—前加压轴 2—加压手柄 3—加压钩 4—摇架 5—自停螺钉 6—导向套

7—加压轴 8—导向套螺母 9—自停臂 10—弹簧 11—压力棒加压轴

关,使机台制动;待故障排除后,自停臂下降,微动开关下压,即可正常开车。弹簧摇架加压结构轻巧,加压量大且较准确,吸震作用好,加压和卸压方便,但如果弹簧材质不良或弹簧疲劳变形会影响加压的稳定性。

4．压力棒

FA326A 型并条机牵伸机构中装有直径为 12mm 的扇形压力棒,压力棒是用铬钢制成的,经过抛光、电镀及热处理,表面非常光滑。压力棒的作用是利用其弧面与牵伸须条接触,加强对牵伸区纤维运动的控制,有利于提高条子质量。

5．集束机构

集束机构由导向胶辊和集束器组成,它可使前罗拉输出的棉网集束成条,并改变输出条子的方向,使须条顺利地通过喇叭口,减少机前涌头及堵条现象。

五、成条机构

成条机构的主要作用是将弧形导管输出的棉层进一步凝聚成条,并有规律地圈放在棉条筒内,便于下一工序加工。

1．喇叭口

喇叭口的作用是将弧形导管输出的束状棉层进一步集束成条,使棉条表面光滑,增加棉条紧密度。喇叭口的直径应与输出棉条定量相适应,口径过大,棉条易通过,但对棉条压缩不足,条子易发毛;口径过小,棉条不易通过,易造成堵塞断头。并条机常用喇叭口的直径为 2.4mm、2.6mm、2.8mm、3.2mm、3.6mm。

2．紧压罗拉

紧压罗拉的作用是将喇叭口凝聚的棉条压缩,使棉条细而光洁,结构紧密,它增加了条筒的容量,同时也增加了棉条的强力。

3．圈条器

圈条器包括圈条盘和圈条底盘,其作用是将从紧压罗拉输出的棉条有规律地圈放在棉条筒中。目前,高速并条机圈条盘多采用曲线斜管,符合条子的空间轨迹,更适应于高速,且条子成形良好。

六、自动换筒机构

并条机出条速度提高后,满筒时间短,换筒次数增多,工人劳动强度增加,因此,高速并条机均采用自动换筒装置,如图 1-5-5 所示。满筒时,主电动机制动刹车,换筒电动机启动,经一对三角带轮和减速轮系通过链条轴传动左右两根链条,链条带动装在导轨上的前后推板。棉条筒置于两根前后推板之间,随前后推板向前运动而将满筒推出,同时输入空筒,主电动机开始运转,而换筒电动机停止,完成一次换筒。

七、自调匀整装置(USG)

FA326A 型高速并条机自调匀整装置属于开环式控制系统,如图 1-5-6 所示。通过一对凹凸罗拉组成钳口,检测喂入条线密度,喂入条线密度(即粗细)变化引起凸罗拉位移量变化,

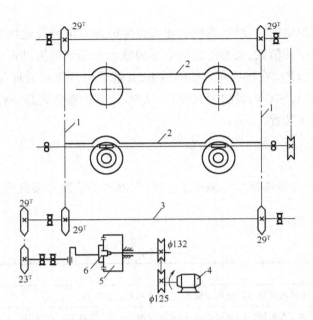

图1-5-5　高速并条机自动换筒传动示意图

1—链条　2—前后推板　3—链条轴　4—换筒电动机　5—减速轮系　6—万向连轴节

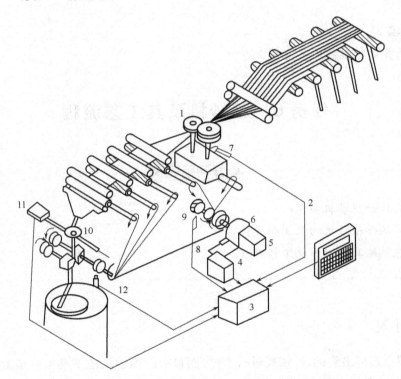

图1-5-6　并条机自调匀整装置结构图

1—凹凸罗拉　2—微型终端　3—控制计算机　4—驱动电源　5—伺服电动机　6—差动齿轮箱

7—位移传感器　8—T2速度传感器　9—T3速度传感器　10—FP喇叭口

11—FP-MT前置放大器　12—T1出条(压辊)速度传感器

利用位移传感器转变为电信号,经计算机处理与设定的额定值进行比较后,通过伺服电动机结合差动轮系调节后区牵伸倍数,从而使输出条不因喂入条粗细的波动而波动。另外,输出端还设有一个监测喇叭口(FP),在线检测匀整的结果,并能通过计算机处理显示给 USG 终端,若质量超出所设定的极限值,它会自动报警或停机。USG 自调匀整装置是一种在线监测与及时自动控制相结合的自调匀整装置。

任务实施

根据任务要求,结合所选择的并条机工艺流程,熟悉并绘制并条机的工艺流程简图。

考核评价

考核评分表

项　目	原　　棉	得　分
并条机工艺流程	100(按照设备的机构组成来绘制,少一机构扣 5 分)	
书写、打印规范	书写有错误一次倒扣 4 分,格式错误倒扣 5 分,最多不超过 20 分	

姓　名		班　级		学　号		总得分	

思考与练习

绘制所选择并条机的工艺流程简图。

任务6　粗纱机及其工艺流程

● 学习目标 ●

1. 能认知粗纱机型号;
2. 能认知粗纱机的机构组成;
3. 能熟练写出粗纱机工艺流程。

任务引入

为了使棉条形成最终的纱,需要进行牵伸,而目前的细纱机还不具备一步就能完成牵伸的能力,必须先对棉条进行部分牵伸,形成粗纱,然后再送给细纱机。

任务分析

为实现棉条的牵伸,就需要认识进行牵伸的机械——粗纱机,通过它来完成部分牵伸,并为粗纱加上适当的捻度,以使粗纱具有维持卷绕及退绕的强力。

相关知识

一、粗纱工序的任务

将熟条纺成细纱约需 150 倍以上的牵伸,而目前一般细纱机的牵伸能力只有 10 ~ 50 倍。所以,需要设置粗纱工序。粗纱工序的任务是:

1. 牵伸

施加 5 ~ 12 倍牵伸,将熟条抽长拉细,并进一步改善纤维的伸直平行度与分离度。

2. 加捻

将牵伸后的须条加上适当的捻度,使粗纱具有一定强力,以承受粗纱卷绕和在细纱上退绕时的张力,防止意外牵伸或拉断。

3. 卷绕成形

将加捻后的粗纱卷绕在筒管上,制成一定形状和大小的卷装,便于贮存和搬运,适应细纱机的喂入。

二、FA492 型粗纱机工艺流程

如图 1 - 6 - 1 所示,棉条从机后条筒内引出,由导条辊积极输送,经导条喇叭口喂入牵伸装置。棉条被牵伸成规定线密度后,由前罗拉钳口输出,经锭翼加捻成粗纱,最后卷绕成管纱。粗纱机由喂入机构、牵伸机构、加捻机构、卷绕成形机构等机件组成。

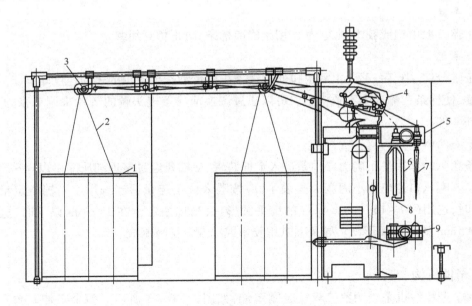

图 1 - 6 - 1　粗纱机工艺过程示意图

1—条筒　2—棉条　3—导条辊　4—牵伸装置　5—固定龙筋　6—锭翼

7—锭子　8—压掌　9—运动龙筋

三、喂入机构

FA492 型粗纱机采用六列导条辊高架喂入式,如图 1 − 6 − 2 所示。喂入机构的作用是从棉条筒中引出棉条,并有规则地送入牵伸机构,在棉条输送的过程中防止或尽可能减少意外牵伸。粗纱机的喂入机构由分条器、导条辊、导条喇叭组成。

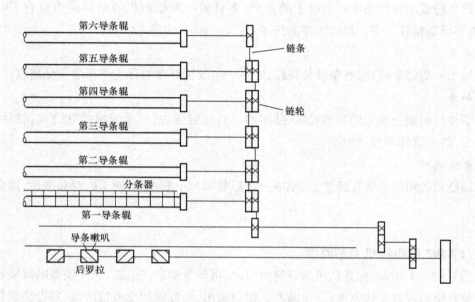

图 1 − 6 − 2 粗纱机喂入机构

1. 分条器

分条器一般由铝或胶木制成,其作用是隔离棉条,防止相互纠缠。

2. 导条辊

导条辊分前、中、后三列,由后罗拉通过链条积极传动。导条辊的表面速度略慢于后罗拉的表面速度,使棉条在输送中不致松垂。可以通过调换前导条辊头端的链轮来调节张力牵伸,以减少意外牵伸。

3. 导条喇叭

导条喇叭的作用是正确引导棉条进入牵伸装置,使棉条经过整理和压缩后以扁平形截面喂入后钳口。喇叭口开口大小用宽×高表示,应按喂入棉条定量适当选用。当棉条定量在 17g/5m 以上时,选用(10 ~ 15)mm ×4mm 的扁平圆形口,当棉条定量在 17g/5m 以下时,选用(7 ~ 10)mm ×5mm 的扁平圆形口。导条喇叭用胶木或尼龙等材料制成。

四、牵伸机构

FA492 型粗纱机采用四罗拉双短胶圈牵伸,如图 1 − 6 − 3 所示。整个牵伸装置分为整理区、主牵伸区、后牵伸区三个牵伸区。整理区的牵伸倍数为 1.05;主牵伸区承担大部分牵伸;后牵伸区亦称为预牵伸区,是为主牵伸区牵伸做好准备。

在主牵伸区中,上、下胶圈间的摩擦力界使须条随上、下胶圈的运行速度而运动,并形成了

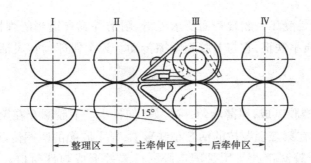

图 1 - 6 - 3　四罗拉双短胶圈牵伸装置

一个柔和而又具有一定压力的胶圈钳口,既能有效地控制纤维运动,又能使前罗拉钳口握持的纤维顺利抽出。当须条厚度变化时,弹簧上销可自由摆动,以发挥钳口压力的自调作用,使胶圈钳口对纤维的控制力稳定。曲面下销中部上托,可减少胶圈回转时的中凹现象,使胶圈中部的摩擦力界增强而稳定。因此主牵伸区摩擦力界分布较为理想,可使纤维变速点离前钳口较近且集中,有利于改善条干。整理区有集合器,主要完成集束,而主牵伸区无集束,可缩小浮游区长度,粗纱条干质量得到提高。这种牵伸形式也称为 D 型牵伸。

1. 罗拉

罗拉是牵伸机构的主要元件之一,它由多节组成,每节 4~6 锭。如图 1 - 6 - 4 所示,每节罗拉的一端有导孔和螺孔,另一端有导柱和螺杆,各节罗拉由螺杆、螺孔连接起来,以满足机台所需的锭数。导柱和导孔可保持各节罗拉同心。

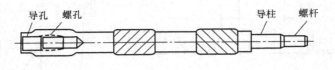

图 1 - 6 - 4　粗纱机罗拉

罗拉由罗拉座支承,相邻两个罗拉座间的距离称为节距。罗拉连接部分螺纹旋紧的旋向,须与罗拉的回转方向一致,使罗拉运转时越转越紧,以防止罗拉回转时连接处松退,使节距伸长而损坏机件。前、后罗拉表面刻有倾斜的沟槽,同档罗拉分别采用左、右旋向沟槽,使其与胶辊表面组成的钳口线在任一瞬间至少有一点接触,形成对纤维连续而均匀的握持钳口,并防止胶辊快速回转时的跳动。中罗拉表面呈菱形滚花。滚花用以加强中罗拉与下胶圈的摩擦,并减少胶圈损伤。

2. 胶辊

胶辊为双节活芯式,由胶辊芯子、铁壳、胶辊轴承和外包丁腈胶管组成,如图 1 - 6 - 5 所示。

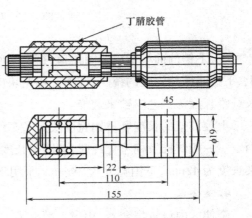

图 1 - 6 - 5　粗纱机胶辊的结构

67

胶辊芯子中间支承,两锭受压。胶辊表面要求光滑、耐磨并具有适当的弹性和硬度。第三上罗拉为一双锭活芯的钢质小铁辊,它与上胶圈摩擦传动。为了保证运转灵活并适应高速,上罗拉均采用滚针轴承。

3.胶圈与上、下销

(1)胶圈:由丁腈橡胶制成,厚薄均匀,弹性好,伸长小。下胶圈套在第三下罗拉上,随第三下罗拉回转,上胶圈套在第三上罗拉的活芯小铁辊上,靠下胶圈的摩擦传动。

(2)上、下胶圈销:胶圈销的作用是固定胶圈位置并形成弹性钳口。胶圈销分上、下胶圈销。每两个上胶圈穿有一个弹簧摆动上销,上销的后端挂在小铁辊芯子的中部,可绕小铁辊芯子灵活摆动,支承上胶圈处于一定的工作位置。上销的片簧上端抵在加压摇臂体上,对上销施加一定的初始压力。

每一罗拉节距穿一根曲面下销,固装在罗拉座上,以支持下胶圈并将其引向前钳口,使胶圈稳定回转。下销的截面为阶梯形曲面,如图1-6-6所示,其最高点上托1.5mm,使上、下胶圈工作面形成缓和的曲线通道,以防止胶圈的中凹现象。平面部分不与胶圈接触,形成拱形弹性层与上胶圈配合,以减少销子与胶圈的摩擦,下销前缘突出并结合上销前端前冲来减小牵伸区中的浮游区长度。

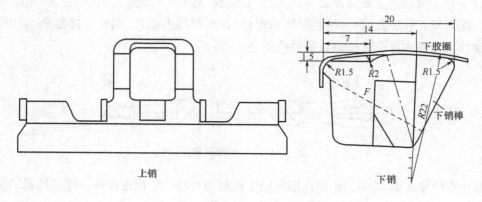

图1-6-6 曲面阶梯上、下销

上、下销的前端形成胶圈钳口,在上销前端左右两侧装有塑料隔距块,使上、下销前端保持上、下销间原始隔距的统一、准确。隔距块应根据纺纱品种、胶圈厚度和弹性、上销弹簧压力以及纤维长度等工艺参数来选择。

上胶圈架的长度和下销宽度决定了牵伸区中胶圈对纤维的控制长度,因此应根据纤维长度而定。一般纺棉及棉型化纤时,胶圈架长度为34mm,下销宽度为20mm;纺中长化纤时,上胶圈架长度为42mm,下销宽度为28mm。采用不同长度的胶圈架,则使用不同规格的上、下胶圈。

4.集合器

牵伸区内设置集合器,相当于增设了一个附加摩擦力界,并具有增加纱条密度、收拢牵伸后须条的边纤维、减少毛羽和飞花的作用。

5. 弹簧摇架加压装置

如图 1 - 6 - 7 所示,弹簧摇架加压装置由摇臂体、手柄、加压杆、加压弹簧、钳爪、压力调节块以及锁紧机构组成。弹簧摇架加压机构利用摇架下压自锁时压缩弹簧对所在钳口施加压力,一个摇架控制两锭位牵伸的加压。使用时间较长时,弹簧疲劳而导致加压衰退,因而平时要注意维护,检测其压力。

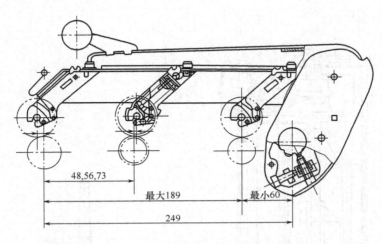

图 1 - 6 - 7 弹簧摇架加压装置

6. 清洁装置

清洁装置的作用是清除罗拉、胶辊、胶圈表面的短绒和杂质,防止纤维缠绕机件并保证产品不出或少出疵点。FA492 型粗纱机所用的清洁装置是上下积极回转绒带加巡回吹吸风清洁装置,如图 1 - 6 - 8 所示。

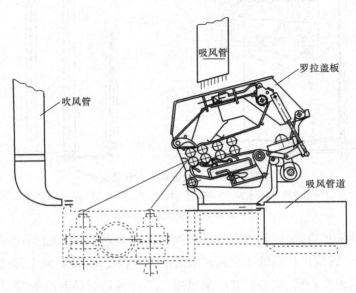

图 1 - 6 - 8 粗纱机清洁装置

五、加捻机构

粗纱机的加捻机构主要包括锭子、锭翼和假捻器等机件。FA492 型粗纱机采用悬锭式加捻卷绕机构,如图 1 - 6 - 9 所示。由前罗拉输出的须条经锭翼回转而加捻,锭翼每回转一周,纱条加上一个捻回。加捻之后的粗纱自锭翼上端顶孔穿入,从侧孔引出,在顶管外绕 1/4 或 3/4 周后,再穿入空心臂。自空心臂引出的粗纱在压掌上绕 2 ~ 3 圈后经压掌上的导纱孔卷绕在筒管上。

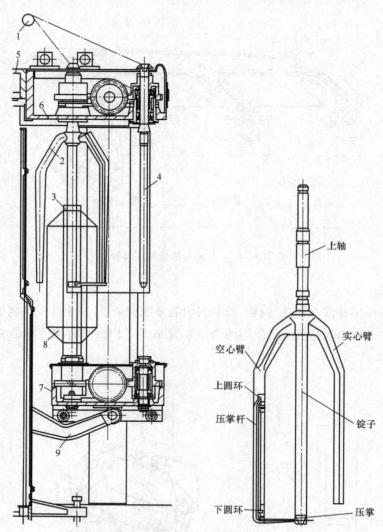

图 1 - 6 - 9 悬锭式加捻卷绕机构

1—前罗拉 2—锭翼 3—筒管 4—锭子 5—机面 6—固定龙筋
7—运动龙筋 8—粗纱 9—摆臂

锭翼与锭子为一组合件,以轴承固装于机面的固定龙筋上,形成悬吊锭翼。锭翼的上部为上轴,下部为锭子。锭翼由顶端的螺旋齿轮或齿形带直接传动,锭杆从上部插入筒管内,以稳定筒管的上部。锭翼由空心臂、实心臂和压掌组成。空心臂是引导粗纱的通道,实心臂起平衡作用。空心臂的侧面套有压掌,压掌由压掌杆、压掌叶及上下圆环组成,上、下圆环套在空心臂上,可在一定范围内绕空心臂转动。

筒管安装在升降龙筋上,由摆臂带动升降龙筋做升、降运动。

为增加前罗拉至锭翼之间纱条的强力,减少粗纱的意外伸长,粗纱机广泛使用锭帽式假捻器,如图1-6-10所示。锭帽式假捻器采用塑料、尼龙、橡胶、聚氨酯等弹性材料制成,插放在锭翼套管的顶端。表面刻有凸起的条纹或有三角形及球状微粒,以增加假捻器表面的摩擦系数。

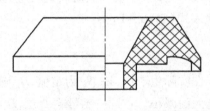

图 1-6-10　锭帽式假捻器

六、卷绕成形机构

1. 实现粗纱卷绕的条件

如图1-6-11所示,粗纱卷装从里往外分层排列,每层粗纱平行紧密卷绕,为实现无边不塌头,采用两端截锥形,中间为圆柱体。粗纱卷绕的条件为:

(1)采用管导卷绕,即筒管的转速大于锭翼的转速,如图1-6-12所示。

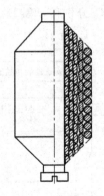

图 1-6-11　粗纱卷装的结构

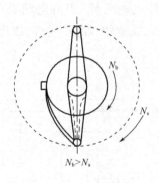

图 1-6-12　粗纱卷绕

$$N_w = N_b - N_s$$
$$N_b = N_s + N_w \qquad\qquad (1-6-1)$$

式中:N_w——卷绕转速,r/min;

　　N_b——筒管转速,r/min;

　　N_s——锭翼转速,r/min。

(2)单位时间内前罗拉钳口输出的须条长度必须等于筒管的卷绕长度,即:

$$V_f = \pi D_x N_w$$

或
$$N_w = \frac{V_f}{\pi D_x} \qquad\qquad (1-6-2)$$

式中:V_f——前罗拉钳口须条输出线速度;

　　D_x——筒管上粗纱卷绕直径。

式(1-6-2)表示卷绕转速与卷绕直径之间的关系,称为粗纱的卷绕方程。将式(1-6-2)代入式(1-6-1)得:

$$N_b = N_s + \frac{V_f}{\pi D_x} \qquad\qquad (1-6-3)$$

在实际生产中,V_f、N_s 为定值,D_x 随卷绕逐层增大,故筒管转速 N_b 将随卷装卷绕直径 D_x 逐层增大而减小。在同一粗纱卷绕层,D_x 不变,N_b 也不变。

(3)单位时间内升降龙筋的升降高度应等于筒管的轴向卷绕高度。即:

$$V_r = \frac{V_f}{\pi D_x} h \qquad\qquad (1-6-4)$$

式中:V_r——龙筋升降速度,mm/min;

h——粗纱卷绕圈距,mm。

式(1-6-4)表示龙筋升降速度与卷绕直径的关系,称为粗纱机升降速度方程。在一落纱中,h 为定值,因此,V_r 随 D_x 逐层增大而减小,即每卷绕一层粗纱,筒管上升或下降的速度降低一次。

2. FA492 型粗纱机卷绕成形传动系统

由工业控制计算机与可编程序控制器(PLC)通过变频器、伺服控制器控制 4 个电动机(锭翼电动机 M_1、牵伸电动机 M_2、升降电动机 M_3 及筒管电动机 M_4 分别传动锭翼、牵伸罗拉、升降轴及筒管),从而完成牵伸、加捻、卷绕、成形等功能,如图 1-6-13 所示。

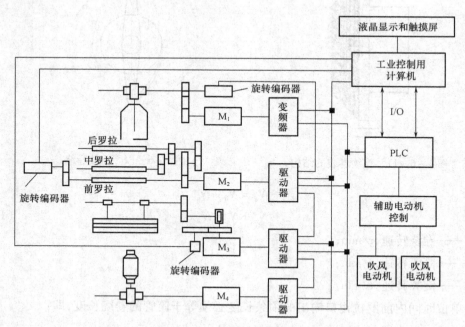

图 1-6-13　FA492 型粗纱机卷绕成形传动系统

任务实施

根据任务要求,结合所选择的粗纱机工艺流程,熟悉并绘制粗纱机的工艺流程简图。

考核评价

考核评分表

项　目	原　　　棉	得　分
粗纱机工艺流程	100（按照设备的机构组成来绘制，少一机构扣5分）	
书写、打印规范	书写有错误一次倒扣4分，格式错误倒扣5分，最多不超过20分	
姓　名		班　级		学　号		总得分	

思考与练习

绘制所选择粗纱机的工艺流程简图。

任务7　细纱机及其工艺流程

● 学习目标 ●

1. 能认知细纱机型号；
2. 能认知细纱机的机构组成；
3. 能熟练写出细纱机的工艺流程。

任务引入

为了完成客户需要的纱，需要在粗纱的基础上进一步牵伸。

任务分析

为实现粗纱的牵伸，就需要认识进行最后牵伸的机械——细纱机，通过它来完成最后的牵伸，并为细纱加上足够的捻度，以使细纱具有足够的强力及其他物理机械性能。

相关知识

一、细纱工序的任务

细纱工序是将粗纱纺制成具有一定线密度、符合国家（或用户）质量标准的细纱。细纱工序的主要任务是：

1. 牵伸

将喂入粗纱均匀地抽长拉细到所设计的线密度。

2. 加捻

给牵伸后的须条加上适当的捻度,使细纱具有一定的强力、弹性、光泽和手感等物理机械性能。

3. 卷绕成形

把纺成的细纱按照一定的成形要求卷绕在筒管上,以便于运输、贮存和后道工序的继续加工。

棉纺厂以细纱机总锭数表示生产规模,细纱的产量决定棉纺厂各道工序机台数量。因此,细纱工序在棉纺厂中占有非常重要的地位。

二、细纱机的工艺流程

细纱机为双面多锭结构。图 1-7-1 所示为 FA506 型细纱机,粗纱从吊锭上的粗纱管退绕

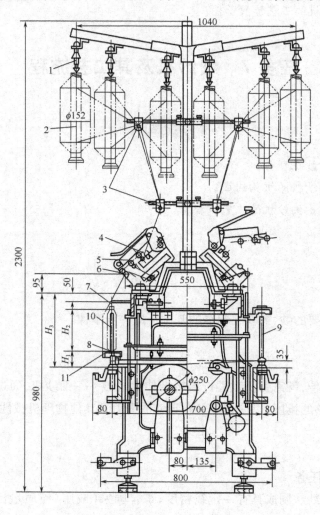

图 1-7-1 FA506 型细纱机的工艺过程

1—吊锭 2—粗纱管 3—导纱杆 4—横动导纱喇叭口 5—牵伸装置 6—前罗拉

7—导纱钩 8—钢丝圈 9—锭子 10—筒管 11—钢领板

后,经过导纱杆和慢速往复横动的导纱喇叭口,进入牵伸装置。牵伸后的须条从前罗拉输出后,经导纱钩穿过钢丝圈,卷绕到紧套在锭子上的纱管上。生产中筒管高速卷绕,使纱条上产生张力,带动钢丝圈沿钢领高速回转,钢丝圈每转一圈,前钳口到钢丝圈之间的须条上便得到一个捻回。由于钢丝圈受钢领的摩擦阻力作用,使得钢丝圈的回转速度小于筒管,两者的转速之差就是卷绕速度。依靠成形机构的控制,钢领板按照一定的规律做升降运动,使细纱卷绕成符合一定要求的管纱。

环锭细纱机主要由喂入机构、牵伸机构、加捻机构、卷绕成形机构及自动控制机构等机件组成。

三、喂入机构

喂入机构在工艺上要求各机件相关位置正确,退绕顺利,尽量减少意外牵伸。喂入部分包括粗纱架、粗纱支持器、导纱杆、横动装置等机件。

1. 粗纱架

粗纱架用来支承粗纱,并放置一定数量的备用粗纱和空粗纱管。粗纱架的高度一般在1.8m 左右。相邻满纱管间一般不小于 15mm,以便挡车工操作。粗纱从纱管上退解时回转要灵活,粗纱架应不易积飞花,便于清洁工作。FA506 型细纱机采用六列单层吊锭式,如图 1 - 7 - 2 所示。

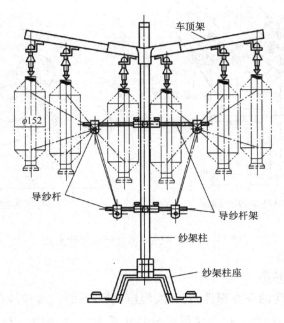

图 1 - 7 - 2　细纱机粗纱架

2. 粗纱支持器

在 FA506 型细纱机上采用吊锭支持器,它转动灵活,粗纱退绕张力均匀,意外伸长小,粗纱管放置、取下方便,适用于不同尺寸的粗纱管。

3.导纱杆

导纱杆为表面镀铬的圆钢,直径为12mm,用来引导粗纱喂入导纱喇叭口,使粗纱退绕均衡以减小张力,防止意外牵伸。当粗纱从筒管上退绕时,需要克服粗纱管支持器以及导纱杆对纱条的摩擦力。实际生产中,导纱杆的安装位置设在距粗纱卷装下端1/3处。

4.横动装置

横动装置装在罗拉座上,处于后罗拉的后方,其作用是引导粗纱喂入牵伸装置并使粗纱在一定范围内做缓慢而连续的横向移动,以改变喂入点的位置,使胶辊表面磨损均匀,防止因磨损集中形成胶辊凹槽而减弱对纤维的控制能力,并能延长胶辊的使用寿命。

四、牵伸机构

FA506型细纱机采用三罗拉长短胶圈牵伸形式,分为普通三罗拉长短胶圈牵伸和三罗拉长短胶圈V形牵伸,如图1-7-3所示。

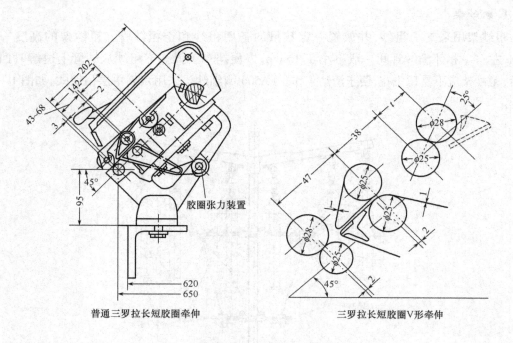

普通三罗拉长短胶圈牵伸　　　　　　　三罗拉长短胶圈V形牵伸

图1-7-3　FA506型细纱机牵伸形式

1.牵伸罗拉与罗拉轴承

牵伸罗拉是牵伸机构的重要部件,它和胶辊组成罗拉钳口,握持纱条进行牵伸。

(1)沟槽罗拉:前、后两列罗拉为梯形等分斜沟槽罗拉,如图1-7-4所示,同档罗拉分别采用左右旋向沟槽,目的是使其与胶辊表面组成的钳口在任一瞬时至少有一点接触,形成对纤维连续均匀的握持钳口,并可防止胶辊快速回转时的跳动。

(2)滚花罗拉:中罗拉传动下胶圈,中罗拉采用菱形滚花罗拉,如图1-7-5所示,以有效带动胶圈运动,减少胶圈滑溜和速度不匀。

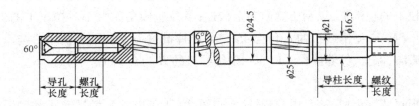

图1-7-4 细纱机沟槽罗拉

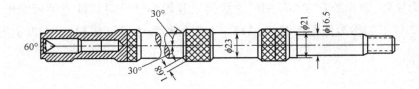

图1-7-5 细纱机滚花罗拉

（3）罗拉轴承：FA506型细纱机采用滚针轴承,能适应重加压的要求,有利于功率传递并减少罗拉扭振。

（4）罗拉座：罗拉座是用于放置罗拉的。相邻两只罗拉座之间的距离称为节距。罗拉座由固定部分和活动部分组成,如图1-7-6所示,前罗拉放置在固定部分上,活动部分由两只滑座组成,中罗拉放在滑座2内,后罗拉和横动导杆放在滑座3内。松动螺丝4、5,可改变中、后滑座的位置,达到调节前、后区罗拉中心距的目的。罗拉座与车面用螺钉相连,松动螺钉,可以调节

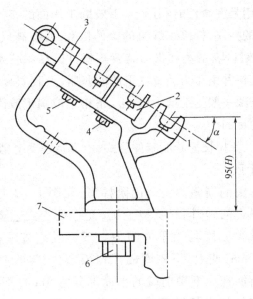

图1-7-6 细纱机罗拉座

1—固定部分 2,3—滑座 4,5—螺丝 6—螺钉 7—车面

罗拉座的前后、左右位置。罗拉座与车面设计成一定的倾角(罗拉座倾斜角 α),其作用是减小须条在前罗拉上的包围弧,以利于捻回向上传递;罗拉座倾角的大小对挡车工的生产操作也有一定的影响。FA506 型细纱机的 α 角为 45°。罗拉座高度 H 是指前罗拉中心与车面间的尺寸,H 大有利于清洁、保全、保养操作。FA506 型细纱机的 H 为 95mm。

2. 胶辊

细纱胶辊每两锭组成一套,由胶辊铁壳、包覆物(丁腈胶管)、胶辊芯子和胶辊轴承组成,如图 1 - 7 - 7 所示。采用机械的方法使胶管内径胀大后,套在铁壳上,并在胶管内壁和铁壳表面涂抹粘合剂,使胶管与铁壳粘牢。芯子和铁壳由铸铁制成,铁壳表面有细小沟纹,使铁壳与胶管之间的连接力加强,防止胶管在加压回转时脱落。胶辊的硬度对纺纱质量影响极大,一般把硬度为邵氏 A72 以下的称为低硬度胶辊,A73 ~ A82 的称为中硬度胶辊,A82 以上的称为高硬度胶辊。

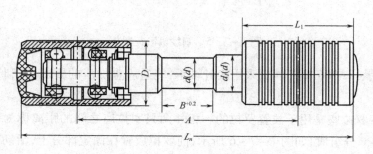

图 1 - 7 - 7 细纱机胶辊

3. 胶圈及控制元件

胶圈及控制元件的作用是在牵伸时利用上、下胶圈工作面的接触产生附加摩擦力界,加强对牵伸区内浮游纤维运动的控制,提高细纱机的牵伸倍数,并提高成纱质量。胶圈控制元件是指胶圈支持器(上、下销)、钳口隔距块和张力装置等机件。在双胶圈牵伸装置中,下胶圈套在有滚花的中罗拉上,下销支持并由张力装置使下胶圈张紧;上胶圈套在中上罗拉(活芯小铁辊)上,由弹簧摆动销支持。胶圈一般是上薄下厚;上、下销组成扁形胶圈钳口,易于伸向前罗拉钳口,达到缩短浮游区长度的目的。

FA506 型细纱机采用三罗拉长短胶圈牵伸形式,由弹簧摆动上销和固定曲面阶梯下销组成弹性钳口,如图 1 - 7 - 8 所示。

(1)曲面阶梯下销:下销的横截面为曲面阶梯形,如图 1 - 7 - 9 所示,下销的作用是支撑下胶圈并引导下胶圈稳定回转,同时支持上销,使之处于工艺要求的位置。下销用普通钢材制成,表面镀铬,以减少胶圈与销子的阻力。下销是六锭一根的统销,固定在罗拉座上。下销最高点上托 1.5mm,使上、下胶圈的工作面形成缓和的曲面通道,从而使胶圈中部摩擦力界强度得到适当加强。下销前端的平面部分宽 8mm,不与胶圈接触,使之形成拱形弹性层,与上销配合,能较好发挥胶圈本身的弹性作用。下销的前缘突出,尽可能伸向前方钳口,使浮游区长度缩短。

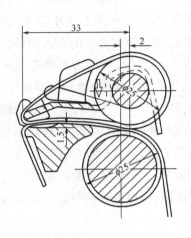

图 1 − 7 − 8　弹性钳口

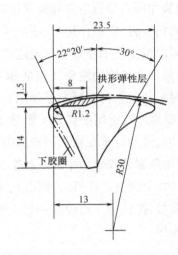

图 1 − 7 − 9　曲面阶梯下销

（2）弹簧摆动上销：上销的作用是支持上胶圈处于一定的工作位置，FA506 型细纱机采用双联式叶片状弹簧摆动上销，如图 1 − 7 − 10 所示。上销在片簧的作用下紧贴在下销上，并施加一定的起始压力于钳口处。上销后部借叶片簧的作用卡在中罗拉（即小铁辊芯轴）上，并可绕小铁辊芯轴在一定范围内转动，当通过的纱条粗细变化时，钳口隔距可以自行上下调节，故称为弹簧摆动钳口，简称弹性钳口。为防止因销子上下反复摆动而产生的塑性变形影响钳口压力的稳定，片簧一般选用优质锰钢。

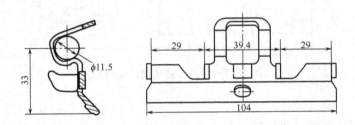

图 1 − 7 − 10　弹簧摆动上销

（3）隔距块：上销中央装有隔距块，其作用是确定并使上、下销间的最小间隙（钳口隔距）保持统一和准确。上、下销原始钳口隔距由隔距块的厚度确定，隔距块可根据不同的纺纱线密度进行调换。

（4）胶圈张力装置：为了保证下胶圈（长胶圈）运转时有良好的工作状态，在罗拉座的下方装有张力装置。张力装置利用弹簧把下胶圈适当拉紧，从而使下胶圈紧贴下销回转。

4. 加压机构

为使罗拉钳口具有足够的握持力，细纱机采用加压机构。工艺上要求加压稳定并能调节，生产操作中加压、卸压及保全保养方便。根据压力源的不同，加压装置分为摇架弹簧加压和摇架气动加压两种形式。

摇架弹簧加压由加压组件和锁紧机构两大部分组成。摇架弹簧加压具有结构轻巧、紧凑、惯性小、机面负荷轻、吸振作用好、能产生较大压力等优点,并且压力的大小既不受罗拉座倾角的影响,又可以按工艺的需要在一定范围内调节。同时,摇架弹簧加压的支承简单,加压释压方便。弹簧摇架加压机构的主要缺点是:使用日久,弹簧塑性变形,使压力有衰退现象,压力不够稳定,胶辊对罗拉的平行度尚不够理想。因此,必须加强日常测定、检修和保养工作。

FA506 型细纱机上用的摇架主要是 YJ2 - 142 型,如图 1 - 7 - 11 所示。三组螺旋压缩弹簧装在摇臂匣内,分别置于 3 根加压杆的中部,中、后加压杆的位置可调节,以适应工艺的需要;加压杆头端的钳爪握持胶辊的中部。摇架加压时,手柄向下揿,锁紧机构使螺旋弹簧压缩变形,产生一定的压力,分别通过压杆传递到前、中、后罗拉;卸压时,只要将手柄抬起,便可将锁紧机构松开,弹簧放松,摇臂与三档胶辊一起上抬,胶辊与罗拉脱开,以便于清扫牵伸装置通道、调换胶辊、揩车等操作。

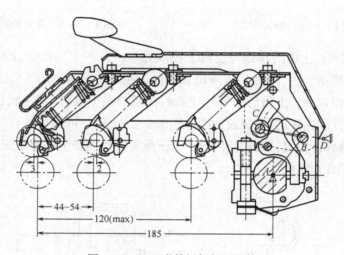

图 1 - 7 - 11 弹簧摇架加压机构

5. 集合器

集合器的作用是收缩牵伸过程中带状须条的宽度,减少飞花和边纤维的散失,减少绕皮辊、绕罗拉现象,减小加捻三角区,使须条在比较紧密的状态下加捻,使成纱结构紧密、光滑,减少毛羽并提高强力。

按外形和截面的不同,集合器可分为木鱼形、梭子形、框形(图 1 - 7 - 12)等,按挂装方式不同,集合器有吊挂式和搁置式,此外还有单锭用和双锭用之分。

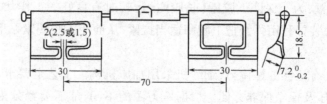

图 1 - 7 - 12 细纱机前区集合器

6.断头吸棉装置

采用断头吸棉装置的目的是在细纱生产中出现断头后,能够立即吸走前罗拉钳口吐出的须条,消除飘头造成的连片断头,减少绕罗拉、绕胶辊现象,减少了毛羽纱和粗节纱,降低了车间的空气含尘量,改善了劳动条件,减轻了挡车工劳动强度。应注意控制车尾储棉箱风箱花的积聚,确保前罗拉钳口前下方的吸棉管内呈一定的负压。

五、加捻机构

细纱前罗拉输出的纱条经导纱钩,穿过活套于钢领上的钢丝圈,绕在紧套于锭子上的筒管上。锭子或筒管的高速回转,借纱线张力的牵动,使钢丝圈沿钢领回转。此时纱条一端被前罗拉钳口握持,另一端随钢丝圈绕自身轴线回转。钢丝圈每转一转,纱条便获得一个捻回。细纱机加捻机构主要有锭子、筒管、钢领、钢丝圈、导纱钩和隔纱板等机件。

1.锭子

锭子速度因纺纱品种、线密度和卷装大小而不同,一般在 14000～17000r/min。锭子应运转平稳,振幅小,使用寿命长,功率消耗小,噪声低,承载能力大,结构简单、可靠,制造方便,易于保全保养。

锭子由锭杆、锭盘、锭胆、锭脚和锭底等组成,如图 1 – 7 – 13 所示。

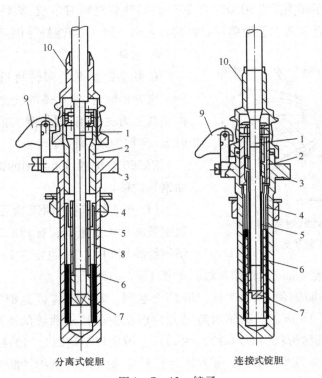

分离式锭胆　　　　连接式锭胆

图 1 – 7 – 13　锭子

1—锭杆　2—支承　3—锭脚　4—弹性圈　5—中心套管　6—圈簧
7—锭底　8—隔离圈　9—锭钩　10—锭盘

（1）锭杆:作为高速回转轴,锭杆同心度要高,其偏心、弯曲应控制在允许的范围内。锭杆上部锥度的大小应与筒管相配合,起定位作用。锭杆底部做成60°角的锥形,锭尖是一个很小的圆球面,以保证运转平稳。上、下两轴承处要求有较高的硬度（HRC62以上）。

（2）锭盘:锭盘紧套在锭杆的中部,铸铁制成,呈钟鼓形,由锭带传动。锭子的上轴承罩在锭盘内,以防止飞花、尘杂侵入。

（3）锭胆:目前广泛采用的是弹性支承高速锭子。FA506型细纱机的锭胆采用弹性支承形式,一种是D1200系列分离式弹性支承高速锭子,另一种是D3200系列连接式弹性支承高速锭子,采用连接式弹性下支承锭胆,如图1-7-13所示。

（4）锭脚:锭脚是整个锭子的支座,兼作贮油用。它用螺母紧固在龙筋上,因而锭子与钢领的同心度可调节。其结构形式简单,加工方便。

（5）锭钩:锭钩由铁钩和铁板组成,高速回转时,能防止锭子跳动,并可以防止拔管时将锭杆从锭脚拔出。

2. 筒管

细纱筒管有经纱管和纬纱管两种,纬纱管是用于有梭织机的直接纬纱,其长度和直径受梭子内腔长度和宽度的限制。经纱管长度根据钢领板升降全程和纺纱长度而定,一般较钢领板升降全程大12%左右,直径一般为钢领直径的40%~50%;纱管上部天眼与锭子上锥度接触配合,底部与锭盘钟鼓形间隙配合（0.05~0.25mm）。筒管材料有木质、塑料和纸质三种,目前大多采用塑料筒管,其有制造工艺简单,结构均匀,规格一致,耐磨性好等优点。

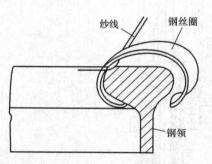

图1-7-14　纱线、钢领、钢丝圈
接触状态

3. 钢领

钢领是钢丝圈的回转轨道,如图1-7-14所示。高速回转时,钢丝圈的线速度可达30~45m/s。由于离心力的作用,钢丝圈的内脚紧贴钢领的内侧圆弧（俗称跑道）滑行。

FA506型细纱机上使用的钢领有平面钢领和锥面钢领两种。

（1）平面钢领:平面钢领可分为高速钢领和普通钢领两种。高速钢领有PGl/2型（边宽2.6mm,适纺细特纱）和PGl型（边宽3.2mm,适纺中特纱）,普通钢领有PG2型（边宽4mm,适纺粗特纱）,如图1-7-15所示。

（2）锥面钢领:锥面钢领有HZ7和ZM6两个系列。其主要特征是钢领与钢丝圈为"下沉式"配合,如图1-7-16所示。钢领内跑道几何形状为近似双曲线的直线部分,与水平面呈55°倾角。钢丝圈的几何形状为非对称形,内脚长。钢领与钢丝圈之间的接触面积大,压强小,有利于钢丝圈的散热并减少了磨损。钢丝圈运行平稳,有利于降低细纱断头。

4. 钢丝圈

钢丝圈虽小,但作用很大,它不仅是完成细纱加捻卷绕不可缺少的元件,更重要的是生产上通常采用调整钢丝圈型号的方法来控制和稳定纺纱张力,以达到卷绕成形良好,降低细纱断头

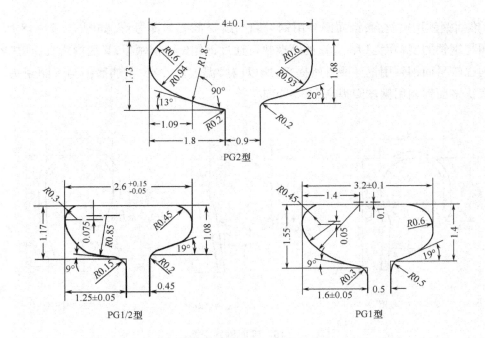

图 1 - 7 - 15 平面钢领几何形状

的目的。由于钢丝圈在钢领上高速回转,其线速度可达
45m/s,压强高达 $372.4 \times 10^4 Pa$,摩擦产生的温度在 300℃
以上,所以钢丝圈容易磨损烧毁。为此,必须使钢丝圈在高
速运行中尽量保持平衡。另外,当钢丝圈承受不住自身的
离心力而从钢领上飞脱(飞圈)时,会产生断头。当钢丝圈
的顶端和两脚与钢领的顶面或颈壁相碰时,会造成钢丝圈
的抖动或楔住,使纱线断头。

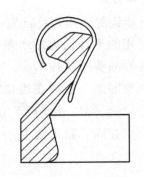

图 1 - 7 - 16 锥面钢领与钢丝
圈的配合

钢丝圈分为平面钢领用钢丝圈和锥面钢领用钢丝圈两
种类型。

(1)平面钢领用钢丝圈:平面钢领用钢丝圈是按钢丝圈
的几何形状划分的,也反映了钢丝圈线材的截面形状。钢丝圈的号数反映了钢丝圈的重量,不
同型号钢丝圈的重量标准各不同。钢丝圈号数是用 1000 只同型号钢丝圈的公称重量的克数值
表示的。钢丝圈的圈形按形状特点分为 C 型、EL 型(椭圆形)、FE 型(平背椭圆形)和 R 型(矩
形)四种,如图 1 - 7 - 17 所示。

图 1 - 7 - 17 平面钢领用钢丝圈

（2）锥面钢领用钢丝圈：锥面钢领用钢丝圈的线材截面为薄弓形，如图 1 - 7 - 18 所示，由于钢丝圈与钢领的接触面积大，大量的摩擦热可通过钢领传向钢领板，又因内脚长，其热容量和散热能力也较平面钢领用钢丝圈有所提高，所以内脚温度低，减少了热磨损与飞圈断头。其线速度一般比平面钢领用钢丝圈提高 5% ~ 10%。

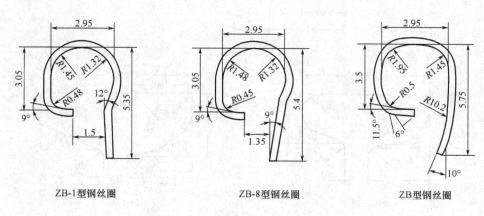

ZB-1型钢丝圈　　　　ZB-8型钢丝圈　　　　ZB型钢丝圈

图 1 - 7 - 18　锥面钢领用钢丝圈

5. 导纱钩

导纱钩的作用是将前罗拉输出的须条引向锭子的正上方，以便卷绕成纱。FA506 型细纱机所用的导纱钩为虾米螺丝式，如图 1 - 7 - 19 所示。导纱钩前侧有一浅沟槽，其作用是在细纱断头时抓住断头，不使其飘至邻锭而造成新的断头，又可将纱条内附有的杂质或粗节因气圈膨大而碰在浅槽处切断，以提高细纱质量。通过调节虾米螺丝可调节导纱钩的前后位置，调节导纱板下方的螺丝可调节导纱钩左右位置，实现锭子、钢领中心与导纱孔的内侧在同一铅垂线上。

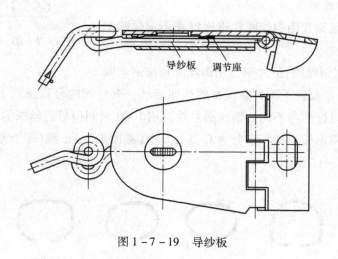

图 1 - 7 - 19　导纱板

6. 隔纱板

隔纱板的作用是防止相邻两气圈相互干扰和碰撞。隔纱板一般用薄铝或锦纶制成，表面力求光滑、平整,以防刮毛纱条或钩住纱条造成断头。

六、卷绕成形机构

1. 细纱的卷装形式和要求

对细纱卷绕成形的要求是卷绕紧密,层次分清,不相互纠缠,后工序高速轴向退绕时不脱圈,便于运输和储存。卷装尺寸应尽量增大,以提高设备的利用率和劳动生产率,提高产品质量。细纱管纱采用圆锥形交叉卷绕形式,如图 1 – 7 – 20 所示。要完成圆锥交叉卷绕,必须使钢领板的运动满足以下条件:

(1)短动程升降,一般上升慢,下降快。

(2)每次升降后应有级升。

(3)管底成形,即在管底部分绕纱高度和级升从小到大逐层增加。

截头圆锥形的最大直径 d_{max} 比钢领直径小 3mm 左右。在管底成形时,升降动程和级升动程从小到大逐层增加,直到管底成形完成时,两参数才达到正常值,这样可使管底成凸起形,以增加管纱容量。利用钢领板上升慢卷绕密,下降快卷绕稀,形成卷绕层与束缚层,两层纱间分层清晰,既可防止退绕时脱圈,又增大了容纱量。

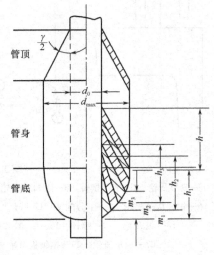

图 1 – 7 – 20 细纱圆锥形交叉卷绕

2. 细纱机的成形机构

FA506 型细纱机的卷绕成形机构,如图 1 – 7 – 21 所示。

(1)钢领板的升降运动:成形凸轮 1 在车头轮系传动下匀速回转,推动成形摆臂 2 上下摆动,通过摆臂左端轮 3 上的链条 3′拖动固装于上分配轴 4 上的链轮 5,使上分配轴做正反向往复转动,因而固装在上分配轴上的左右钢领板牵吊轮 6 经牵吊杆、钢领板牵吊滑轮 29、钢领板牵吊带 30 去牵吊钢领板横臂 31,其上的锦纶转子 32 沿主柱 33 上下滚动,使机台两侧的钢领板 34 以主柱 33 为升降导轨做短动程升降。

(2)导纱板短动程升降运动:当上分配轴 4 做正反向往复转动时,上分配轴 4 右侧钢领板牵吊轮 6 旁的链轮 7(两者固装为一整体)通过链条 7′去拖动装在下分配轴 8 上的链轮 9,使下分配轴 8 做正反向转动。固装在下分配轴 8 上的链轮 10 通过链条 10′拖动活套在上分配轴上的链轮 11,链轮 11 和左、右两侧的导纱板牵吊轮 12 是一个整体,所以导纱板牵吊轮 12 做正反向转动,再经牵吊杆、牵吊滑轮 35、牵吊带 36 牵吊导纱板横臂 37 分别牵吊机器两侧的导纱钩升降杆 38,使导纱板 39 做短动程升降。

(3)钢领板、导纱板的逐层级升运动:钢领板、导纱板的级升运动是由级升轮 18 控制的。其级升运动是在成形摆臂 2 向上摆动时带动小摆臂 15 向上摆动。其右端顶着推杆 16 上升,推杆 16 上端有撑爪 17 撑动级升轮 18 做间歇转动,并通过蜗杆 19、蜗轮 20 传动卷绕链轮 21 间歇

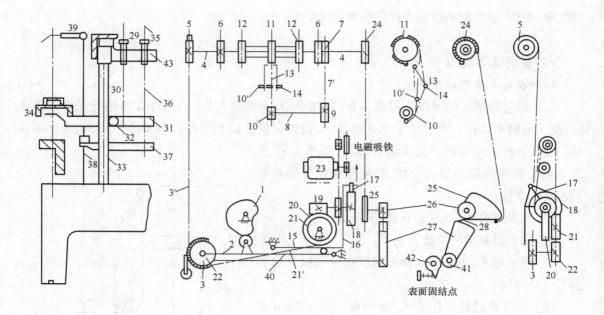

图 1 - 7 - 21　细纱机成形机构

1—成形凸轮　2—成形摆臂　3—摆臂左端轮　3′,7′,10′,21′,28—链条　4—上分配轴　5,7,9,10,11,22,24—链轮

6—钢领板牵吊轮　8—下分配轴　12—导纱板牵吊轮　13—位叉　14—横销　15—小摆臂　16—推杆　17—撑爪

18—级升轮　19—蜗杆　20—蜗轮　21—卷绕链轮　23—小电动机　25—平衡凸轮　26—平衡小链轮

27—扇形链轮　29—钢领板牵吊滑轮　30—钢领板牵吊带　31—钢领板横臂　32—锦纶转子

33—主柱　34—钢领板　35—导纱板牵吊滑轮　36—导纱板牵吊带　37—导纱板横臂

38—导纱钩升降杆　39—导纱板　40—升降杆　41,42—扭杆

转过一个角度,然后通过链条21′使链轮22间歇转动。链轮22与摆臂左端轮3为一整体。于是摆臂左端轮3不断地间歇卷取链条3′的一小段,使钢领板和导纱板产生逐层级升运动。当成形摆臂向下摆动时,撑爪在级升轮18上滑过,不产生级升运动。

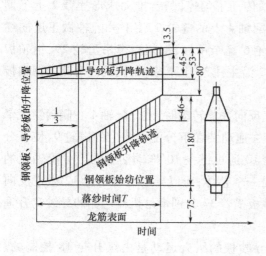

图 1 - 7 - 22　FA506 型细纱机钢领板
和导纱板升降轨迹

为了压缩小纱时的气圈高度、降低小纱气圈张力,导纱板采用的是变动程升降运动,即从管纱始纺开始,导纱板短动程升降和级升逐渐增大,管纱成形到1/3左右时,才恢复到正常值,如图1 - 7 - 22所示。为此,在链轮10和链轮11之间设置了位叉机构。位叉13在链条10′的一个横销14上,在小纱始纺时,迫使链条10′屈成折线,此时链轮10的正反向往复转动造成位叉13的来回摆动,而链轮11和导纱板牵吊轮12只做少量的往复转动,此时导纱板的升降动程较小。随着级升运动

的继续,曲折的链条 10′逐步被拉直,到管纱成形约 1/3 处时,链条 10′上的横销 14 脱离位叉 13,此后位叉 13 便不再起作用。之后链轮 10 带动链轮 11、导纱板牵吊轮 12 去带动导纱板做正常的升降运动和级升运动。

(4)管底成形:FA506 型细纱机采用凸钉式管底成形机构。在链轮 5 上装有管底成形凸钉,在凸钉处,链轮 5 的直径较大。当卷绕管底时,与凸钉接触的链条 3′随成形摆臂上、下运动同样的距离,由于此时链轮 5 的转动半径增大,从而使链轮 5 的回转角度(弧度)较小,因此上分配轴 4、钢领板牵吊轮 6 做较小的往复转动,结果使钢领板升降动程较卷绕管身时为小。随着链条 3′逐层被摆臂左端轮 3 卷取,待链轮 5 的间歇转动使凸钉与链条 3′脱离接触后,钢领板的每次升降动程和级升恢复正常,此时便完成了管底成形。

(5)升降系统的平衡机构:FA506 型细纱机采用双弹性扭杆平衡,对钢领板和导纱板的重量加以平衡,以确保钢领板升降平衡。

七、细纱机自动控制装置

为了提高产品质量,降低工人的劳动强度,提高劳动生产率,FA506 型细纱机主要配备了以下自动控制装置:

(1)中途关车,自动适位制动停车。

(2)中途(提前)落纱,钢领板自动下降到落纱位置,适位制动停车。

(3)满管落纱,钢领板自动下降到落纱位置,适位制动停车。

(4)开车前,钢领板自动复位。

(5)打开车门时,全机安全自停。

(6)满纱后自动接通 36V 低压电源,供电动落纱小车落纱。

(7)车头面板数字显示牵伸倍数、纺纱线密度、罗拉及锭子速度等数据。

⚙ 任务实施

根据任务要求,结合所选择的细纱机工艺流程,熟悉并绘制细纱机的工艺流程简图。

◎ 考核评价

考核评分表

项目	原　棉		得　分
细纱机工艺流程	100(按照设备的机构组成来绘制,少一机构扣 5 分)		
书写、打印规范	书写有错误一次倒扣 4 分,格式错误倒扣 5 分,最多不超过 20 分		
姓　名	班　级	学　号	总得分

思考与练习

绘制所选择细纱机的工艺流程简图。

任务 8　络筒机及其工艺流程

● 学习目标 ●

1. 能认知络筒机型号;
2. 能认知络筒机的机构组成;
3. 能熟练写出络筒机的工艺流程。

任务引入

客户需要的是筒纱,但细纱机生产的是管纱,这就需要把管纱转换为筒纱。

任务分析

为实现管纱向筒纱的转换,就需要认识络筒机,通过它来完成纱的连接,并根据工艺要求去除疵点,形成筒纱。

相关知识

一、络筒的任务

1. 制成适当的卷装

络筒就是把细纱管连接起来,卷绕成大容量筒子,以满足后道工序的要求。筒子卷绕结构应满足高速退绕的要求,筒子表面纱线应分布均匀,在适当的卷绕张力下,具有一定的密度,并尽可能增加筒子容量,表面和端面要平整,没有脱圈、滑边、重叠等现象。

2. 减少疵点,提高品质

细纱上还存在疵点、粗节、弱环,它们在织造时会引起断头,影响织物外观。络筒机设有清纱装置,以除去单纱上的绒毛、尘屑、粗细节等疵点。络筒过程中,应尽量减少损伤纱线原有的物理机械性能。

二、奥托康纳 338 型自动络筒机的工艺过程

在奥托康纳 338 型自动络筒机上,纱线从纱管到筒子所经的路线称之纱路。如图 1-8-1 所示,纱线从管纱上退绕下来,先经过下部单元的气圈控制器,然后经过前置清纱器、纱线张力装置、后置电子清纱器、上蜡装置,最后到达卷绕单元,槽筒沟槽有规律地将其卷绕在筒管上,形成筒子纱。

奥托康纳 338 型自动络筒机采用模块化设计,每个络纱锭包括下部、中间和卷绕 3 个单元。

1.下部单元

下部单元包括防脱圈装置、气圈破裂器、圆形纱库。下部单元的作用是保证管纱供给,优化纱线的退绕。

2.中间单元

中间单元包括下纱头传感器、纱线剪刀、夹纱器、具有拍纱片的夹纱臂、张力器和预清纱器、捻接器、电子清纱器、纱线张力传感器、上蜡装置、捕纱器、大吸嘴和上纱头传感器。中间单元包含所有用于上下纱头捕捉、纱线监测与纱线捻接和张力控制的元件。在达到最大生产率的前提下,可获得最佳的纱线与卷装质量。工艺参数的计算机集中设定和电动机的单独控制极大地方便了操作者的工作。

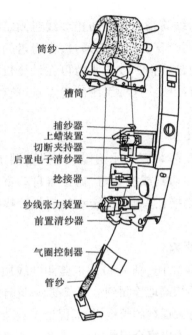

图1-8-1　奥托康纳338型自动
络筒机的工艺过程

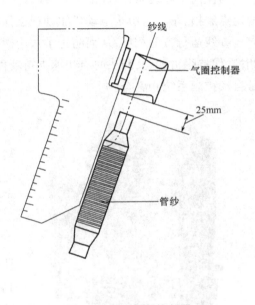

图1-8-2　气圈控制器

3.卷绕单元

卷绕单元包括络纱锭控制系统、操作开关和信号灯、绕槽筒监测装置、ATT(扭矩自动传送)槽筒、具有补偿压力调节的筒子架。卷绕单元还控制着整个络纱锭的运行及操作信息的采集。槽筒直接驱动方式改善了对卷绕过程的控制,提高了能量利用率,减少了磨损,使维护更加方便。

三、奥托康纳338型自动络筒机的主要元件及其作用

1.气圈破裂器

气圈破裂器也称气圈控制器(图1-8-2),安装在靠近纱管的顶部。当管纱退绕至管底部分时,纱线与气圈控制器相碰撞,形成双节气圈,避免了单节气圈,减小了管纱表面摩擦纱段的

长度,均匀并降低了管纱从满管至管底整个退绕过程中纱线的张力,它根据纱管长度和管纱卷绕方向来调整设定。

2.防脱圈装置

在捻接过程中,防脱圈装置使纱线在管纱顶部时保持适当的张力,避免管纱在开始退绕时脱圈。

3.预清纱器

预清纱器为一机械式清纱器,它位于张力盘下方,纱线在由两薄板构成的隙缝中通过,这个供纱线通过的隙缝远大于纱线直径,故实际上预清纱器并不承担清除纱疵的任务,但它能有效地阻止从管纱上脱落的纱圈和粘附在纱线上的飞花等杂质进入后面的纱路。

4.电磁式纱线张力器

为使筒子卷绕紧密、成形良好,纱线必须具有一定的络筒张力。为防止纱线对固定张力盘的定点磨损,张力盘由小电动机驱动积极回转。纱线从两个张力盘之间通过,张力盘的转动方向与纱线运行方向相反,从而防止了灰尘微粒集聚、张力盘磨损。纱线张力可在计算机上集中调控,保持张力均匀,断头时有快速夹持功能牢固地夹持纱头。这种系统的优点是可直接与电子自动控制系统相融合。

5.自动捻接器

每个络纱锭都装有一个自动捻接器(图1-8-3),在断头、清纱切割或换管时,捻接器自动将两个充分开松的纱头捻接在一起,捻接头外观与纱线本身几乎相同。

6.电子清纱器

电子清纱器(图1-8-4)用以监测纱线质量。上纱头传感器能够精确地检测到纱疵长度,单锭计算机据此信息来确定卷装退绕的长度,从而保证了卷装中整个纱疵长度的纱线得以完全退绕,同时避免了不必要的回丝浪费。独特的清纱控制系统不仅能检测与去除短片段纱疵,也能有效地去除卷装中的长片段纱疵和周期性纱疵。电子清纱器还向定长装置提供正常络筒信号,使定长装置在正常络筒时进行计长。

图1-8-3 KN2101型自动空气捻接器

由于电子清纱器在纱路中位于自动捻接器之后,因此在锭位启动过程中,每个捻接头均经过清纱器的质量检测。

7.张力传感器

每个络纱头清纱器上端都装有张力传感器(图1-8-5),它安装在锭位纱路中清纱器的后边,随时检测络纱过程中动态张力变化并及时经锭位计算机,通过闭环控制电路传递至张力器来调节压力的大小,即纱线张力不仅是直接测量的,也直接受张力器压力的调节而维持在一个恒定的水平,真正实现了络纱的精密卷绕。

8. 上蜡装置

纱线与上蜡装置中的蜡盘接触,电动机带动蜡辊逆纱线运动方向转动,以达到均匀上蜡的要求,在接头或落筒时停止上蜡。

9. 捕纱器

正常络筒时,捕纱器不作用于纱线(图1-8-6)。在纱线因细节而断头时,捕纱器夹持住纱线,捕纱器快门盖住捕纱器口,以防止钩住运行中的纱线或形成纱圈。在自动接头装置工作后,找头的大吸嘴将捕纱器的纱头吸持并交给捻接器。

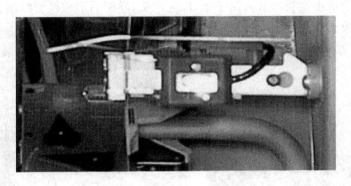

图1-8-4　电子清纱器

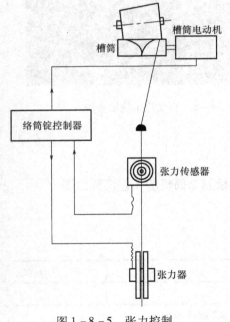

图1-8-5　张力控制

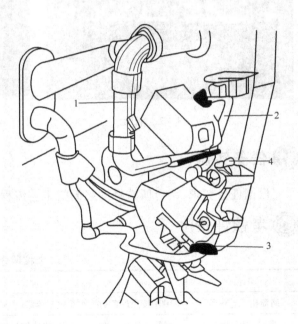

图1-8-6　捕纱器

1—筒纱纱头捕捉吸嘴　2—管纱纱头捕捉吸嘴

3—换管纱用吸嘴　4—纱线张力器吸嘴

10. 槽筒

槽筒对筒子表面进行摩擦传动来实现对纱线的卷取,并利用其上的沟槽曲线完成导纱运动。奥托康纳338型自动络筒机采用钢制槽筒,横动动程有7.6~15.2cm(3~6英寸),槽筒沟槽有对称、不对称以及不同圈数。每个卷绕头都装有一个驱动槽筒的伺服电动机。槽筒是直接装在电动机轴上的(图1-8-7)。

11.自动落筒装置

自动落筒装置它能够进行自动落筒、空管放置、空管自动喂入和将满筒放在锭位后边的托盘或输送带上。当卷装绕至预定直径或长度时,纱锭发出信号,自动落筒装置从前一停留处直接移至该锭位进行落筒,降低了锭位停机时间,提高了机器效率。自动落筒装置为卷装留出外层纱头,从空管库中取出空管并放入筒子架,固定纱头,卷绕后形成换管纱尾。

12.清洁与除尘系统

奥托康纳338型自动络筒机的清洁与除尘系统有管纱除尘、巡回清洁装置、多喷嘴吹风装置(图1-8-8)。

图1-8-7 槽筒

图1-8-8 自动除尘清洁系统

🌀 任务实施

根据任务要求,结合所选择的络筒机工艺流程,熟悉并绘制络筒机的工艺流程简图。

◎ 考核评价

考核评分表

项 目	原 棉	得 分
络筒机工艺流程	100(按照设备的机构组成来绘制,少一机构扣5分)	
书写、打印规范	书写有错误一次倒扣4分,格式错误倒扣5分,最多不超过20分	
姓 名	班 级 学 号	总得分

思考与练习

绘制所选择络筒机的工艺流程简图。

模块二　纺纱工艺的调整

任务1　开清棉工艺的调整

● 学习目标 ●

能根据工艺单进行开清棉工艺参数的调整。

任务引入

根据纺纱工艺的任务单,进行开清棉设备的工艺调整,任务单见表2-1-1。

表2-1-1　开清棉工艺任务单

开清棉工艺流程	FA002型自动抓棉机→FA103A型双轴流开棉机→FA022-6型多仓混棉机→FA106A型梳针滚筒开棉机→FA133型两路配棉器→FA045A型双棉箱给棉机→FA141型成卷机					
机械名称	工　艺　参　数					
FA002型 自动抓棉机	抓棉打手的转速 (r/min)		抓棉小车的运行速度 (r/min)	打手刀片伸出肋条距离 (mm)		抓棉打手间歇下降动程 (mm)
	900		0.80	2.5		2
FA103A型 双轴流开棉机	打手转速 (r/min)		打手与尘棒间的隔距 (mm)	尘棒与尘棒间的隔距 (mm)		进、出棉口压力 (Pa)
	打手一 412　打手二 424		20	9		进棉口:50,出棉口:-150
FA022-6型 多仓混棉机	开棉打手转速 (r/min)		给棉罗拉转速 (r/min)	输棉风机转速 (r/min)		换仓压力 (Pa)
	330		0.2	1400		230
FA106A型 梳针滚筒开棉机	打手转速 (r/min)	给棉辊转速 (r/min)	打手与给棉辊的 隔距(mm)	打手与尘棒的 隔距(mm)	尘棒之间 隔距(mm)	打手与剥棉刀 的隔距(mm)
	600	35	7	10/18.5	15/10/7	1.5
FA046A型 振动式给棉机	角钉帘与均棉辊的隔距(mm)					
	30					

机械名称	工 艺 参 数									
FA141 型 成卷机	棉卷定量(g/m)		实际回 潮率(%)	棉卷长度(m)		棉卷伸 长率(%)	棉卷净重(kg)		线密度 (tex)	机械牵伸倍数 (倍)
	湿定量	干定量		计算	实际		干重	湿重		
	390.96	362	8.0	42.1	43.3	2.8	15.7	16.93	392770	3.124
	打手转速(r/min)			打手与天平曲杆工作面的 隔距(mm)			打手与尘棒间的 隔距(mm)		尘棒与尘棒间的 隔距(mm)	
	981.7			8.5			进口:8,出口:18		8	

🎯 任务分析

根据表 2-1-1，开清棉工艺的调整分为棉卷参数的调整、各设备转速的调整及隔距的调整。由于开清棉设备比较多，因此各单机分别进行工艺调整。

⚙ 任务实施

开清棉是纺纱过程的第一道工序，将短纤维加工成适应下道工序使用的半制品——棉卷。由于原棉中含有杂质、疵点和短绒，为了保证棉纱质量，开清棉工序应完成开松、除杂、混和及均匀成卷的任务。

若采用清梳联工艺，则不成卷，经过开清棉加工后的纤维通过一定方式均匀地分配给梳棉机使用。

开清棉工序的任务是由开清棉联合机组完成的，开清棉联合机是由一系列单台开清棉机械组成的，它包括抓棉机械、混棉机械、开棉机械、给棉机械、清棉成卷机械等。各种机械通过凝棉器、配棉器、输棉管道等机构连接成开清棉联合机组。

一、抓棉机械

(一)抓棉机工艺

1. 开松工艺

抓棉机的开松作用是通过肋条压紧棉层表面，锯齿形打手刀片自肋条间插入棉层抓取棉块来实现的。工艺上要求抓棉机抓取的纤维块尽量小而均匀，即所谓精细抓棉，使杂质与纤维易于分离，这是因为浮在棉束表面的杂质比包裹在棉束内的杂质容易清除；另外，棉束小，纤维混和精确、充分，其密度差异小，可避免在气流输送过程中因棉束重量悬殊而产生分类现象；还有，小棉束能形成细微均匀的棉层，有利于后续机械效率的发挥，提高棉卷均匀度。同时，小棉束也为缩短开清棉流程提供了可能性。抓棉机的开松工艺见表 2-1-2。

2. 混和工艺

抓棉小车运行一周(或一个单程)按比例顺序抓取不同成分的原棉，实现原料的初步混和。

(1)排包图的编制：具体见模块一任务1(原料的选配)。使用回花、再用棉时，应用棉包夹紧,最好打包后使用。2 台抓棉机并联同时工作可以增加混棉包数,采用 2 台抓棉机棉包高度不同的分段法生产,可减少棉堆上层和底层的混和差异。

表 2 - 1 - 2　抓棉机的开松工艺

工艺参数	有利于开松的选择	选 择 依 据	参数范围
打手刀片伸出肋条的距离(mm)	小距离(可为负值)	锯齿刀片插入棉层浅,抓取棉块的平均质量轻(打手刀片缩进肋条内,即不伸出肋条)	1 ~ 6(0 ~ -5)
抓棉打手间歇下降动程(mm)	小动程	下降动程小,抓取棉块的平均质量小(该动程应和打手刀片伸出肋条的距离相适应,即打手刀片伸出肋条的距离小,该动程也小)	2 ~ 4
抓棉打手的转速(r/min)	高转速	打手高转速,开松作用强烈,棉块平均质量轻,但对打手的动平衡要求高	740 ~ 900
抓棉小车的运行速度(r/min)	低速度	小车低速运行,抓棉机产量低,单位时间抓取的原料成分少	0.59 ~ 2.96

(2)抓棉小车的运转效率:为了达到混棉均匀的目的,抓棉小车抓取的棉块应尽可能小,在保障前方机台产量供应的前提下,尽可能提高抓棉机的运转效率[运转效率 = (测定时间内抓棉小车运行的时间/测定时间内成卷机运行的时间)×100%],一般要求运转率达到 80% 以上。提高运转效率必须掌握"勤抓少抓"的原则。所谓"勤抓"就是单位时间内抓取的配棉成分多,所谓"少抓"就是抓棉打手每一回转的抓棉量要少。

实践表明,当产量一定时,在保证抓棉小车运转率的条件下,应提高抓棉小车运行速度,相应地减少抓棉打手的下降动程,增加抓棉打手刀片的密度,这样既有利于开松,又有利于混和。

(二)FA002 型圆盘抓棉机工艺参数的调整

根据精细抓棉的原则,应尽量减少抓棉打手刀片每齿的抓棉量,为此,根据表 2 - 1 - 1,抓棉机的工艺调整见表 2 - 1 - 3。

表 2 - 1 - 3　FA002 型自动抓棉机的工艺调整

工艺参数	参数调整	工艺参数	参数调整
打手刀片伸出肋条的距离(mm)	2.5	抓棉打手的转速(r/min)	900
抓棉打手间歇下降动程(mm)	2	抓棉小车的运行转速(r/min)	0.80

二、混棉机械

(一)多仓混棉机的工艺

FA022 型多仓混棉机采取逐仓喂入原料,阶梯储棉,同步输出,多仓混棉。多仓混棉机的混和工艺见表 2 - 1 - 4,多仓混棉机的开松工艺见表 2 - 1 - 5。

表2-1-4　多仓混棉机的混和工艺

工艺参数	有利于混和的选择	选择依据	参数范围
换仓压力	高压力	高压力能使各仓满仓容量大,对长片段混和有利	196Pa左右
光电管位置的高低	低位置	低位置的光电管可以延时,混和效果好,并增加混和时间差(过低,易出现空仓现象)	根据后方机台的供料产量调整

表2-1-5　多仓混棉机的开松工艺

工艺参数	利于开松的选择	选择依据	参考范围
开棉打手转速(r/min)	较高转速	给棉量一定时,打手转速高,开松作用强	260、330
给棉辊转速(r/min)	较低转速	给棉辊转速较低,产量低,开松作用强,落棉率增加	0.1、0.2、0.3
输棉风机转速(r/min)	适当转速	适当的转速,保证输送原棉畅通	1200、1400、1700

(二)FA022-6型多仓混棉机的工艺调整

根据充分混和的原则,尽量增大多仓混棉机的容量,增加延时时间,使其达到较好的混和效果,为此,根据表2-1-1,多仓混棉机的工艺调整见表2-1-6。

表2-1-6　FA022-6型多仓混棉机的工艺

工艺参数	参数调整	工艺参数	参数调整
换仓压力(Pa)	230	给棉辊转速(r/min)	0.2
开棉打手转速(r/min)	330	输棉风机转速(r/min)	1400

三、开棉机械

(一)开棉机械的工艺

在开清棉工序中,一般先安排自由打击的开棉机,再安排握持打击的开棉机,打手形式按粗、细、精循序渐进,从而实现大杂早落少碎、少伤纤维的工艺原则。

1.轴流式开棉机的工艺

轴流式开棉机的开松作用发生在角钉辊筒的自由打击以及辊筒与尘棒之间、辊筒与螺旋导板之间的反复撕扯,其作用特点是边前进边开松,边开松边除杂,即原料在自由状态下经受角钉多次均匀、密集、柔和的弹打。故原料开松充分,除杂面积大,具有高效而柔和的开松除杂作用,有利于大杂早落少碎,对纤维损伤小,适合开清初始阶段的加工要求。轴流式开棉机的开松工艺见表2-1-7、表2-1-8。

表2-1-7　FA105A型单轴流式开棉机的开松工艺

工艺参数	利于开松、除杂的选择	选择依据	参数范围
尘棒的安装角(°)	大安装角	大的尘棒安装角,使打手与尘棒间的隔距小,尘棒与尘棒间的隔距大,开松和除杂作用加强	3~30

续表

工艺参数	利于开松、除杂的选择	选 择 依 据	参数范围
进棉口和出棉口的压力(Pa)	合理	进棉口静压过大,会使入口处尘棒间易落白花 棉流出口静压过低,易使落棉箱落棉重新回收 出入口处压差过大会降低棉流流速过快,在机内停留时间缩短,会降低开松作用	进棉管静压为50～150 出棉管静压为 –200～ –50
打手速度(r/min)	高速度	打手高速可以加强自由开松作用、除杂作用	480～800

表 2 – 1 – 8　FA103 型、FA103A 型双轴流式开棉机的开松工艺

工艺参数	利于开松、除杂的选择	选 择 依 据	参数范围
打手与尘棒间的隔距(mm)	小隔距	小的打手与尘棒间隔距可加强开松和除杂作用	15～23
尘棒与尘棒间的隔距(mm)	大隔距	大的尘棒与尘棒间隔距可加强开松和除杂作用	5～10
进棉口和出棉口的压力(Pa)	合理	进棉口静压过大,会使入口处尘棒间易落白花 棉流出口静压过低,易使落棉箱落棉重新回收 出入口处压差过大使棉流流速过快,在机内停留时间缩短,会降低开松作用	进棉管静压:50～150 出棉管静压:–200～ –150
打手转速(r/min)	高速度	加强开松、除杂作用,自由开松,作用比较缓和	FA103 型:打手一 412,打手二 424 FA103A 型:打手一 369/412/452 打手二 381/424/465

2. 豪猪式开棉机的工艺

　　豪猪式开棉机主要依靠打手与尘棒的机械作用完成开松、除杂作用。豪猪式开棉机的开松工艺见表 2 – 1 – 9。

表 2 – 1 – 9　豪猪式开棉机的开松工艺

工艺参数	利于开松、除杂的选择	选 择 依 据	参数范围
打手转速(r/min)	较高速度	给棉量一定时,打手转速高,开松、除杂作用强,落棉率高	FA106:480/540/600 FA107:720/800/900
给棉罗拉转速(r/min)	较低转速	较低给棉速度,产量低,开松作用强,落棉率增加	14～70
打手与给棉罗拉间的隔距(mm)	根据纤维长度和棉层厚度决定	隔距小,刀片进入棉层深,开松作用强,但易损伤较长纤维 最大限度应小于棉层厚度,最小限度应使打击点距棉层握持线的距离大于纤维主体长度	6～7

工艺参数	利于开松、除杂的选择	选　择　依　据	参数范围
打手与尘棒的隔距（mm）	自进口至出口应逐渐放大	随着棉块的松解，其体积逐渐增大 隔距小，棉块受尘棒阻扯作用强，在打手室内停留时间长，受打手与尘棒的作用次数多，故开松作用强，落棉增加	进口隔距 10～14 出口隔距 14.5～18.5
尘棒之间的隔距（mm）	自入口至出口应逐渐缩小	入口部分隔距较大，便于大杂先落，补入气流；然后随着杂质颗粒的减小，中间部分可适当减小尘棒间隔距；出口部分的尘棒隔距应适应补入气流以便回收可纺纤维的要求，在允许的范围内可适当放大或反装尘棒	进口一组 11～15 中间两组 6～10 出口一组 4～7
打手与剥棉刀的隔距（mm）	小隔距	防止打手返花	1.5～2

注　FA106A 型梳针式滚筒开棉机的工艺参考 FA106 型豪猪式开棉机。

FA106 型豪猪式开棉机尘棒安装角与尘棒隔距的关系见表 2－1－10。

表 2－1－10　尘棒安装角与尘棒隔距的关系

尘棒安装角（°）		40	39	37	35	33	30	27	24	20	19
尘棒隔距	进口一组 14 根		11.1	11.7	12.2	13	13.7	14.3	15		
	中间两组 17 根	6	6.3	6.7	7.2	7.6	8.2	8.7	9.2	9.7	
	出口一组 15 根		4	4.4	4.7	5.1	5.6	6.2	6.5	6.9	7.1

（二）FA103A 型双轴流式开棉机及 FA106A 型梳针滚筒开棉机工艺的调整

根据渐进开松、早落少碎、以梳代打、少伤纤维的原则，先双轴流式开棉再梳针滚筒开棉，使开松呈现先自由开松，再握持开松的状态，有利于开松、除杂，能有效减少纤维的损伤。为此，根据表2－1－1，FA103A 型双轴流式开棉机及 FA106A 型梳针滚筒开棉机的工艺调整见表 2－1－11。

表 2－1－11　FA103A 型双轴流式开棉机及 FA106A 型梳针滚筒开棉机的工艺

机　　型	工　艺　参　数	参　数　调　整
FA103A 型双轴流式开棉机	打手转速（r/min）	打手一 412,打手二 424
	打手与尘棒间的隔距（mm）	20
	尘棒与尘棒间的隔距（mm）	9
	进、出棉口压力（Pa）	进棉管静压:50,出棉管静压:－150
FA106A 型梳针滚筒开棉机	打手转速（r/min）	600
	给棉辊转速（r/min）	35
	打手与给棉辊间的隔距（mm）	7
	打手与尘棒间的隔距（mm）	进口 10,出口 18.5
	尘棒之间隔距（mm）	进口 15,中间 10,出口 7
	打手与剥棉刀间的隔距（mm）	1.5

四、给棉机械

(一)给棉机的工艺

振动式给棉机的主要作用是均匀给棉,在进棉箱和振动棉箱内均装有光电管,中部储棉箱内装有摇板,用以控制棉箱内储棉量的相对稳定,使单位时间内的输棉量一致。另外,角钉帘与均棉罗拉的隔距也能控制出棉均匀。当两者隔距小时,除开松作用增强外,还能使输出棉束减小和均匀。但隔距小,产量低,一般采用 0 ~ 40mm 的隔距。

(二)FA046A 型振动式给棉机的工艺调整

根据表 2 – 1 – 1,FA046A 型振动式给棉机角钉帘与均棉罗拉的隔距调整为 30mm。

五、清棉成卷机械

(一)成卷机的工艺

1. FA141 型单打手成卷机的工艺参数

单打手成卷机主要依靠打手与尘棒的机械作用完成开松、除杂作用,并最终制成相对均匀的棉卷。单打手成卷机的开松工艺见表 2 – 1 – 12。

表 2 – 1 – 12　单打手成卷机的开松工艺

工艺参数	利于开松、除杂的选择	选　择　依　据	参数范围
打手转速(r/min)	较高速度	较高的打手速度,可增加打击强度,提高开松除杂效果。加工的纤维长度长、含杂少或成熟度差时,宜采用较低转速	900 ~ 1000
打手与天平曲杆工作面的隔距(mm)	小隔距	较小的隔距,使梳针刺入棉层的深度深,开松效果好	8.5 ~ 10.5
打手与尘棒间的隔距(mm)	小隔距 (进口至出口逐渐放大)	打手与尘棒间隔距小,使尘棒阻滞纤维的能力强,开松、除杂效果好(适应纤维开松后体积增大)	进口隔距:8 ~ 10 出口隔距:16 ~ 18
尘棒与尘棒间的隔距(mm)	大隔距	尘棒间隔距大,可使除杂作用加强(根据喂入原棉含杂的内容和含杂量确定)	5 ~ 8

FA141 型单打手成卷机尘棒安装角与尘棒隔距的关系见表 2 – 1 – 13。

表 2 – 1 – 13　尘棒安装角与尘棒隔距的关系

尘棒安装角(°)	16	20	24	27	30	33	35	37	38
尘棒间隔距(mm)	8.4	7.9	7.2	7.0	6.5	6.0	5.6	5.2	5.0

2. FA141 型单打手成卷机的传动系统及工艺计算

(1)传动系统:FA141 型单打手成卷机的传动如下页图所示。

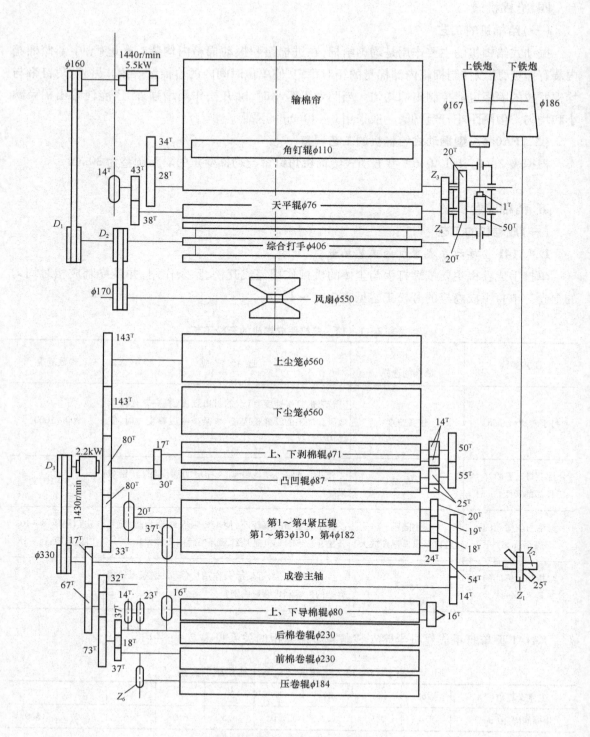

FA141 型单打手成卷机的传动图

（2）工艺变换皮带轮和变换齿轮：它们的代号、直径及其作用见表 2－1－14。

表 2 - 1 - 14 工艺变换皮带轮和变换齿轮的代号、直径及其作用

名　称	代　号	直径变换范围	变换作用
打手皮带轮(mm)	D_1	230,250	综合打手速度
风扇皮带轮(mm)	D_2	180,200,220,240,250	风扇速度
电动机皮带轮(mm)	D_3	100,110,120,130,140,150	棉卷罗拉速度
牵伸变换齿轮(齿)	Z_1/Z_2 Z_3/Z_4	24/18,25/17,26/16 21/30,25/26	棉卷辊与天平辊之间的牵伸倍数
压卷辊传动齿轮(齿)	Z_6	23,24	压卷辊速度

(3)工艺计算

①速度计算。

综合打手转速 n_1(r/min):

$$n_1 = n \times \frac{D}{D_1} \times 98\% = 1440 \times \frac{160}{D_1} \times 98\% = \frac{230400}{D_1} \times 98\%$$

式中:n——电动机(5.5kW)的转速(1440r/min);

D——电动机皮带轮直径(160mm);

D_1——打手皮带直径,mm。

天平辊转速 n_2(r/min):设皮带在铁炮的中央位置。

$$n_2 = n' \times \frac{D_3 \times Z_1 \times 186 \times 1 \times 20 \times Z_3}{330 \times Z_2 \times 167 \times 50 \times 20 \times Z_4} = 0.0965 \times \frac{D_3 \times Z_1 \times Z_3}{Z_2 \times Z_4}$$

式中:n'——电动机(2.2kW)的转速(1430r/min);

D_3——电动机皮带轮直径,mm;

Z_1, Z_2, Z_3, Z_4——牵伸变换齿轮齿数。

棉卷辊转速 n_3(r/min):

$$n_3 = n' \times \frac{D_3 \times 17 \times 14 \times 18}{330 \times 67 \times 73 \times 37} = 0.1026 \times D_3$$

棉卷辊转速在 10.26 ~ 15.38r/min。

②牵伸倍数计算。在加工过程中将须条均匀地抽长拉细,使单位长度的质量变轻的过程,称为牵伸。牵伸的程度用牵伸倍数表示,按输出与喂入机件表面速度比值求得的牵伸倍数称为机械牵伸倍数(亦称理论牵伸倍数),按喂入与输出半制品单位长度质量的比值求得的牵伸倍数称为实际牵伸倍数。

在成卷机中,为了获得一定规格的棉卷,需对棉卷辊与天平辊之间的牵伸倍数 E 进行调节。

$$E = \frac{d_1}{d_2} \times \frac{Z_4 \times 20 \times 50 \times 167 \times Z_2 \times 17 \times 14 \times 18}{Z_3 \times 20 \times 1 \times 186 \times Z_1 \times 67 \times 73 \times 37} = 3.2162 \times \frac{Z_4 \times Z_2}{Z_3 \times Z_1}$$

式中:d_1——棉卷辊直径(230mm);

d_2——天平辊直径(76mm)。

根据牵伸变换齿轮的齿数范围,棉卷辊与天平辊之间的牵伸倍数见表2-1-15。

表2-1-15 棉卷辊与天平辊之间的牵伸变换齿轮(Z_1/Z_2,Z_3/Z_4)与牵伸倍数

牵伸倍数 Z_1/Z_2 Z_3/Z_4	24/18	25/17	26/16
21/30	3.446	3.124	2.827
25/26	2.507	2.276	2.058

实际牵伸倍数与机械牵伸倍数之间的关系如下:

$$实际牵伸倍数 = \frac{机械牵伸倍数}{1 - 落棉率}$$

③棉卷长度计算。成卷线密度过大不利于开松除杂,且增加后工序的牵伸负担,成卷线密度过小产生粘卷破洞,降低质量。不同线密度细纱的成卷线密度和定量范围见表2-1-16。

表2-1-16 不同线密度细纱的成卷线密度和定量范围

细纱线密度(tex)	成卷线密度(tex)	成卷定量 G_K(g/m)
9.7~11	$(350~400) \times 10^3$	350~400
12~20	$(360~420) \times 10^3$	360~420
21~31	$(380~470) \times 10^3$	380~470
32~97	$(430~480) \times 10^3$	430~480

选定棉卷线密度后,根据整只棉卷的总质量选定成卷长度,一般棉卷的总质量控制在16~20kg。

FA141型成卷机用计数器控制棉卷长度。计数器由导棉辊传动,导棉辊每转一转,计数器跳过一个数,达到预置的长度数字时发出落卷信号。设棉卷计算长度为L(m),则:

$$L = \frac{n_4 \times \pi \times d \times E_1 \times E_0}{1000}$$

式中:n_4——导棉辊一个棉卷的转数,调节范围为110~292;

d——导棉辊直径(80mm);

E_1——棉卷辊与导棉辊之间的牵伸倍数,$E_1 = 1.0226$;

E_0——压卷辊与棉卷辊之间的牵伸倍数,$E_0 = 24.571/Z_6$(Z_6有23齿、24齿两种)。

棉卷在卷绕过程中略有伸长,故实际长度L_1大于计算长度L,设棉卷的伸长率为ε,则:

$$L_1 = (1 + \varepsilon) \times L$$

可根据需要调整计数器的数值从而调整棉卷长度,调好后即可开车生产。

(二)FA141型成卷机的工艺

成卷机的主要工作是均匀成卷,还有开松、除杂的作用。为此,既要考虑最终的成卷

情况,又要考虑设备开松、除杂的情况。根据表 2-1-1,FA141 型成卷机的工艺调整见表 2-1-17。

表 2-1-17 FA141 型成卷机工艺参数的调整

工 艺 参 数	参数调整	工 艺 参 数	参数调整
打手转速(r/min)	981.67	棉卷湿定量(g/m)	390.96
打手与天平曲杆工作面的隔距(mm)	8.5	棉卷长度(m)	42.1
打手与尘棒间的隔距(mm)	进口:8;出口:18	棉卷的伸长率(%)	2.8
尘棒与尘棒间的隔距(mm)	8	棉卷实际长度(m)	43.3
机械牵伸	3.124	棉卷干净重(kg)	15.7
棉卷干定量(g/m)	362	棉卷湿净重(kg)	16.93

◉ 考核评价

表 2-1-18 考核评分表

工艺项目	分 值			得 分
抓棉机工艺	20(按照要求进行调整,少一项扣3分)			
混棉机工艺	20(按照要求进行调整,少一项扣3分)			
开棉机工艺	30(按照要求进行调整,少一项扣3分)			
成卷机工艺	30(按照要求进行调整,少一项扣3分)			
姓 名		班 级	学 号	总得分

实训练习

在实训工厂,按照任务单对开清棉设备的相关参数进行调整。

任务2 梳棉工艺的调整

● 学习目标 ●

能根据工艺单进行梳棉机工艺参数的调整。

◉ 任务引入

根据纺纱工艺的任务单,进行梳棉设备的工艺调整,任务单见表 2-2-1。

表2－2－1　梳棉工艺任务单

机型	生条定量(g/5m)		回潮率(%)	线密度(tex)	总牵伸倍数		棉网张力牵伸	转　速			
	干定量	湿定量			机械	实际		刺辊(r/min)	锡林(r/min)	盖板(mm/min)	道夫(r/min)
FA201	18.84	19.97	6	4088.28	93.29	96.09	1.29	931.05	359.02	98.87	29.3

刺辊与周围机件的隔距(mm)

给棉板	第一除尘刀	第二除尘刀	第一分梳板	第二分梳板	锡林
0.23	0.3	0.3	0.5	0.5	0.15

锡林与周围机件的隔距(mm)

活动盖板	后固定盖板	前固定盖板	大漏底	后罩板	前上罩板	前下罩板	道夫
0.19/0.16/0.16/0.16/0.20	0.45/0.40/0.30	0.2/0.2/0.2/0.2	6.4/1.58/0.78	0.48/0.56	0.79/1.08	0.79/0.55	0.1

齿轮的齿数

Z_1	Z_2	Z_3	Z_4	Z_5
17	19	28	21	39

🎬 任务分析

　　根据表2－2－1,梳棉工艺的调整分为牵伸倍数调整、速度调整、隔距调整三部分。通常依次进行牵伸倍数、速度与隔距的调整。

🎬 相关知识

一、梳棉工艺的要求

调整梳棉机工艺有以下要求。

1. 高速高产

现代梳棉机通过提高锡林转速和在刺辊、锡林上附加分梳元件来保持高产时纤维良好的分梳度,提高成纱质量,从而进一步提高梳棉机产量。

2. 增加定量

高产梳棉机为适应单位时间内输出纤维量的增加,宜适当提高道夫转速和适当增加生条定量。但生条定量过重不利于梳理、除杂和纤维转移。

3. 较紧隔距

在针面状态良好的前提下,锡林与盖板间采用较紧的隔距,可提高分梳效能。尽可能减小锡林与道夫隔距,有利于纤维的转移和梳理。在锡林和刺辊间采用较大的速比和较小的隔距,可减少纤维返花和棉结的产生。

4. 协调关系

协调好开松度、除杂效率、棉结增加率和短绒增加率之间的关系,是梳棉机必须着重考虑的问题。纤维开松度差,除杂效率低,短绒和棉结的增加率也低。提高开松度和除杂效率,往往短绒和棉结也呈增加趋势。要充分发挥刺辊部分的作用,注意给棉板工作面长度和除尘刀工艺的配置。在保证一定开松度的前提下,尽可能减少纤维的损伤和断裂。

5. 除杂分工

梳棉机上宜后车肚多落,抄斩花少落杂。应根据原棉含杂内容和纤维长度合理制定梳棉机后车肚工艺,充分发挥刺辊部分的预梳和除杂效能。

6. 选好针布

选好针布、用好针布和管好针布,是改善梳理、减少结杂、提高质量的有力保证。应根据纤维的种类和特性、梳棉机的产量、纱的线密度等因素选用不同的新型高效能针布(如高产梳棉机针布、细特纱针布、低级棉针布、普通棉型针布等不同系列),并注意锡林针布与盖板、道夫针布和刺辊锯条的配套。由于针布价格原因,并不会因为纺制新纱而更换针布,一般应根据针布的情况来设计可以纺制的纱线。

二、梳棉牵伸倍数

梳棉机牵伸倍数常随所纺纱的线密度不同而不同。纺细特纱时,梳棉常选用较大的牵伸,同时棉卷的定量较轻,因此,生条定量较轻;反之,应较重。纺线密度相同或相近的纱时,若产品质量要求较高,可采用较低的生条定量。

一般生条定量轻,有利于提高转移率,有利于改善锡林和盖板间的分梳作用。

高产梳棉机已采取了刺辊加装分梳板,锡林加装前、后固定盖板,盖板逆转,新型针布等措施,加强了对棉层的分梳,弥补了因定量重而造成刺辊分梳不良和分梳力不够的缺陷。

当梳棉机在高速高产和使用金属针布以及其他高产措施后,定量过轻有以下缺点:

(1)喂入定量过轻,则在相同条件下,棉层结构不易均匀(如产生破洞等),且由于针面负荷低,纤维吞吐量少,不易弥补,因而造成生条条干较差。

(2)生条定量轻,直接提高了道夫转移率,降低了分梳次数,在高产梳棉机转移率较高、分梳次数已显著不足的情况下,必将影响分梳质量。

(3)生条定量轻,为保持梳棉机一定的台时产量,就会提高道夫转速,这不利于剥棉并造成棉网飘动而增加断头,并对生条条干不利。所以生条定量不宜过轻,一般在 20~25g/5m,但也不宜过重,以免影响梳理质量。

梳棉生条定量见表2-2-2、表2-2-3。

表2-2-2 梳棉机生条定量

机 型	FA201B	FA221、FA224、FA225、FA231	FA232A	DK903
产量[kg/(台·h)]	最高40	25~70	40~80	最高140
推荐生条定量(g/5m)	17.5~32.5	20~32.5	20~32.5	20~50

表2-2-3　不同线密度纱线的生条定量（锡林转速360r/min左右）

线密度（tex）	32 以上	20~30	12~19	11 以下
生条定量（g/5m）	22~28	29~26	18~24	16~22

在锡林转速为450~600r/min的高产梳棉机（如DK903型、FA232A型等）上，上述定量一般可增加10%。

三、梳棉速度

1. 锡林速度

提高锡林转速，增加了单位时间内作用于纤维上的针齿数，从而提高了分梳能力，为梳棉机高产创造了条件，也为提高刺辊转速和保证良好的转移状态创造了条件。锡林转速提高，纤维和杂质所受的离心力相应增大，有助于清除杂质。另外，锡林转速提高，能增强纤维向道夫转移的能力，针面负荷显著减小，针齿对纤维握持作用良好，有利于提高分梳质量，而且纤维不易在针布间搓转，减少了棉结的形成，因而在一定范围内，提高锡林转速是梳棉机优质高产的一项有效措施。但提高转速受机械状态的限制，若机械状态不适应，会造成严重的机械磨损并产生碰针以及盖板倒针等现象，速度过高也易损伤纤维。

锡林转速应根据加工原料性能的不同而有所区别。纤维长或与针齿摩擦因数大，则纤维易被两针齿抓取，若锡林速度较快，则会增加梳理过程中纤维的损伤，特别是纤维强力较低时，锡林速度应偏低掌握。

不同型号梳棉机的锡林转速见表2-2-4。

表2-2-4　不同型号梳棉机的锡林转速

型　号	FA201B	FA231	FA203 FA203A	FA232	FA221A、FA221B、FA221C FA223、FA223C、FA224、FA224C	FA225 FA225A
锡林速度（r/min）	330~360	330、360、420	412、467、508	400~600	280、350、400	288~550

2. 刺辊速度

调整刺辊速度主要考虑以下几方面。

（1）刺辊转速影响刺辊对棉层的握持分梳程度及刺辊下方后车肚的气流和落棉情况。转速提高，单位纤维的作用齿数增加，分梳作用加强，生条中棉束所占百分率下降，有利于清除杂质。但刺辊转速增加会加大纤维的损伤，使生条中短绒率增大。因此，刺辊转速不宜过高，一般纺棉时约为900r/min。细度细、成熟度差的原棉，刺辊转速应偏低掌握，成熟度好的原棉，刺辊转速可高些。

（2）梳棉机高产后，锡林转速随之增加，在刺辊部分，由于刺辊的握持分梳易损伤纤维，高产时刺辊转速的增幅一般小于锡林转速的增幅。预梳效能可通过采用附加分梳板、增加刺辊的齿密等措施而弥补。

（3）锡林与刺辊的表面速比影响纤维由刺辊向锡林的转移,不良的转移会产生棉结。高产梳棉机上锡林与刺辊表面速比纺棉时宜在 1.7～2.0。

（4）若采用三刺辊,比如 DK903 型梳棉机,其第一刺辊转速为 900～992r/min,第二刺辊转速为 1200～1540r/min,第三刺辊的转速为 1700～2018r/min,这种转速递增式的牵引分离可减少对纤维的损伤。同时 3 个刺辊增大了刺辊表面积,配合分梳板使附加分梳作用增强,有利于提高梳棉机的产量。

部分梳棉机锡林与刺辊转速及速比见表 2－2－5。

表 2－2－5　梳棉机锡林与刺辊转速及速比

机　　型	C4					DK903	FA201	FA224				FA225
刺辊直径(mm)	220					172.5	250	250				127.5
锡林直径(mm)	1290					1290	1290	1290				1290
刺辊转度 (r/min) 第一	753	899	949	1130	1348	900～992	920	600	810	925	1060	690～1321
第二						1200～1540						902～2071
第三						1700～2018						1194～2729
锡林速度 (r/min)	303 335	360 400	381 422	453 502	540 640	450～600	360	280,350,400				288～550
表面速比 (锡林/刺辊)	2.4 2.6	2.3 2.6	2.4 2.6	2.4 2.6	2.3 2.8	1.67～2.0 2.22～2.6	2.02	2.4 3.01 3.44	1.78 2.23 2.55	1.56 1.95 2.23	1.36 1.70 1.95	1.07～2.44 2.04～4.66

3. 盖板速度

盖板速度是指每分钟盖板走出工作区的毫米数。盖板速度主要考虑以下几方面。

（1）盖板速度提高,盖板针面上的纤维量减少,每块盖板带出分梳区的斩刀花少,但单位时间走出工作区的盖板根数多,盖板花的总量增加且含杂率降低,而除杂率稍有增加。

（2）当产量一定时,纺低级棉用较高的盖板速度可改善棉网的质量,成纱强力亦略有提高,但在使用品质较好的原料时,提高盖板线速对生条质量没有显著影响,盖板花中纤维量却大大增加,不利于节约用棉。因为锡林表面速度极高,盖板速度改变对后者相对分梳速度的影响极小。纺优质原棉时,针面负荷本来就轻,只有在针面负荷较重时,提高盖板线速才较为有效。

（3）盖板在一定的速度范围内,采用同样的速度,其排除短绒和杂质的数量随后车肚落棉情况而改变。后车肚落棉多,盖板排除短绒和杂质就少。

（4）生产上采用的盖板速度是否恰当,可观察棉网的质量是否符合要求以及斩刀花的外形结构和含杂情况而判定。通常盖板花中只应含有少量的束状纤维,两块盖板之间应很少有较长的搭桥纤维。

（5）采用反转盖板，可以提高分梳效果，这在新型梳棉机上已普遍应用。盖板的线速是80～320mm/min，如纺棉，锡林转速为450r/min时，盖板线速采用210mm/min（见表2－2－6）。

表2－2－6　常用的盖板速度

纺纱线密度（tex）	32以上	20～30	19以下
盖板速度（mm/min）	150～200	90～170	80～130

注　锡林转速在360r/min左右时。

4.道夫速度

道夫转速直接关系到梳棉机的生产率，欲提高梳棉机的产量，可采取提高道夫转速和增加生条定量两项措施。

加重生条定量时，意味着纺纱总牵伸要随之增加，会增大生条不匀率。因此生条定量不能过重是高产梳棉机研制和使用中应遵循的原则，但生条定量过轻，意味着道夫转速过快。定量轻，则棉网抱合力差，不利于棉网形成，不能适应棉条的高速输出。故随着梳棉机产量的提高，生条定量亦需缓慢增加。

当梳棉机产量一定时，无论道夫速度快慢，单位时间内锡林向道夫转移的纤维量是一定的。增加道夫速度时，同样的纤维量凝聚在较大的道夫清洁针面上，增加了道夫针齿抓取纤维的能力，道夫的转移率要高一些，锡林针面负荷要小一些。

不同型号梳棉机的道夫转速见表2－2－7。

表2－2－7　不同型号梳棉机的道夫转速

梳棉机型号	FA201B	FA231	FA203 FA203A	FA232	FA221A、FA221B、FA221C FA223、FA223C、FA224、FA224C	FA225 FA225A
道夫速度（r/min）	6～30	5.7～55.80	8.9～89	9～90	≤70	≤75

四、梳棉隔距

梳棉机上有30多个隔距，隔距和梳棉机的分梳、转移、除杂作用有着密切的关系。

分梳隔距主要有刺辊—给棉板、刺辊—预分梳板、盖板—锡林、锡林—固定盖板、锡林—道夫等机件间的隔距。

转移隔距主要有刺辊—锡林、锡林—道夫、道夫—剥棉罗拉等机件间的隔距。

除杂隔距主要有刺辊—除尘刀之间、小漏底、前上罩板上口—锡林之间等的隔距。

分梳和转移隔距小，有利于分梳转移。隔距较小，梳理长度增加，针齿易抓取和握持纤维，使纤维不易游离，不易搓擦成结。

梳棉机隔距及设定的主要因素见表2－2－8。

表 2 - 2 - 8　梳棉机隔距及设定的主要因素

机件部位		隔距 [mm(1/1000 英寸)]	设 定 主 要 因 素
给棉及刺辊部分	给棉辊～给棉板	入口:0.30(12)~0.38(15) 出口:0.10(4)~0.18(7)	1.给棉辊空转时应不接触 2.一般进口大、出口小,喂入棉层后,基本相同(不同型号、不同结构有所不同)
	给棉板～刺辊	0.2~0.25 (8~10)	1.刺辊对棉层的梳理作用,随着隔距的减小而加强,上下棉层分流差异减小,但易引起纤维损伤 2.一般棉层厚、纤维长、强力差的应放大隔距,清梳联时的隔距宜比棉卷大 3.纺棉杂质较多时宜大,以防杂质碎裂(国外有用1mm 的)
	刺辊～除尘刀	0.25~0.30(10~12)	可除去纤维中大杂质、僵棉、不孕籽,隔距宜偏小掌握,纺重定量时以偏大为好,防止除尘刀击落原棉
	刺辊～分梳板	0.4~0.5(16~20)	分梳板对提高刺辊梳理度,改善筵棉上下层、纵横向分梳差异有一定效果
	刺辊～锡林	0.12~0.20(5~8)	在两者偏心小、针面平整、运转平稳条件下,隔距宜小,有利于纤维向锡林针面转移
锡林、盖板、道夫部分	锡林～盖板	进口:0.19~0.27(7~11) 0.15~0.22(6~9) 0.15~0.22(6~9) 0.15~0.22(6~9) 出口:0.20~0.25(8~10)	1.有 4~5 个隔距点,近刺辊侧为锡林从刺辊上转移来的纤维,首先进入盖板工作区(4~6 块)分梳,纤维量较多,隔距宜偏大,出口时隔距宜大一点,中间几档可略紧一些,以利分梳 2.锡林、盖板是主要分梳区,强调针布锋锐度和平整度,特别是盖板要降低磨针根与根之间的差异
	锡林～后固定盖板	下:0.45~0.55(18~22) 中:0.40~0.45(16~18) 上:0.30~0.45(12~14)	1.锡林与后固定盖板起预分梳作用,锡林从刺辊上转移来的纤维束首先抛向固定盖板,作用比较剧烈,隔距宜由大到小 2.固定盖板中间宜加装除尘刀和采用吸风,以利去除细杂、尘屑和短绒
	锡林～前固定盖板	0.20~0.25(8~10)	锡林与前固定盖板起到精细分梳和整理分梳作用,锡林上纤维大多处于单纤维状态,利于纤维伸直和去除棉结、细小杂质、短绒,隔距以较小为宜
	锡林～大漏底	入口:6.4(1/4 英寸) 中间:1.58(1/16 英寸) 出口:0.78(1/32 英寸)	1.入口不宜太小,在保证不积花情况下偏大掌握 2.出口不宜太大,否则影响小漏底气压而增加后落棉 3.两片接口要平整,隔距自入口起由大到小,保持大漏底的曲率半径
	锡林～后罩板	上口:0.48~0.56(19~22) 下口:0.50~0.78(20~31)	一般上口较下口略小,下隔距应与大漏底出口相匹配,使气流畅通

续表

机件部位		隔距 [mm(1/1000 英寸)]	设 定 主 要 因 素
锡林、盖板、道夫部分	锡林～前上罩板	上口:0.43~0.81(17~33) 下口:0.79~1.08(31~43)	1. 上口与盖板出口相适应,盖板顺转时,隔距大小与盖板花量有较大关系,隔距小,盖板花量少,反之则多,可进行调节 2. 如果盖板花量太多,则应适当减小(即罩板上抬)前上罩板上口至导盘轴心线的距离 3. 盖板反转时,上、下口隔距可一致
	锡林～前下罩板	上口:0.79~1.09(31~43) 下口:0.43~0.66(17~26)	1. 一般上口大、下口小,下口放大一些,有利于锡林上的纤维向道夫转移,但下口太大会造成棉网云斑和条干不匀 2. 有时道夫返花造成纤维因压迫罩板而使罩板与锡林摩擦,可将下口隔距适当放大,甚至可以割短下罩板
	锡林～道夫	0.1~0.15(4~6)	隔距较小为好;隔距偏大或两侧不一致,会影响纤维顺利转移,严重时会出现云斑、棉结增多、抄斩棉增多
剥棉、成条及圈条部分	盖板～斩刀	0.48~1.08(19~43)	1. 以能剥下盖板花为宜,隔距不宜偏紧,以免斩刀片碰伤盖板针布 2. 盖板反转时,刷辊和盖板为零隔距,保持刷辊与盖板不接触,以能刷下盖板花为度
	道夫～剥棉辊	0.2~0.5(8~20)	以剥下棉网为度,太松、太紧均有可能剥不下来
	剥棉辊～上轧辊	0.5~1.0(20~40)	三辊剥棉时,以剥下剥棉辊棉网为度
	上轧辊～下轧辊	0.05~0.25(2~10)	不加压时,最好上下轧辊表面不接触

✺ 任务实施

根据表 2-2-1,对梳棉机相应的工艺参数进行调整。

◉ 考核评价

考核评分见表 2-2-9。

表 2-2-9 考核评分表

考核项目	分　　　值			得　　分
牵伸倍数的调整	40(按照要求进行设计,少一项扣5分)			
梳棉速度的调整	30(按照要求进行设计,少一项扣4分)			
梳棉隔距的调整	30(按照要求进行设计,少一项扣1分)			
姓　名	班　级		学　号	总得分

实训练习

在实训工厂,按照任务单对梳棉设备的相关参数进行调整。

任务3 精梳工艺的调整

● 学习目标 ●

能根据工艺单进行精梳机及其准备机械工艺参数的调整。

任务引入

根据纺纱工艺的任务单,进行梳棉机及其准备机械的工艺调整,任务单见表2-3-1。

表2-3-1 精梳工艺的任务单

预 并 条 工 艺

机型	预并条定量（g/5m）		回潮率（%）	总牵伸倍数		线密度（tex）	并合数	牵伸倍数分配				前罗拉速度（m/min）
	干重	湿重		机械	实际			紧压罗拉~前罗拉	前罗拉~二罗拉	二罗拉~后罗拉	后罗拉~导条罗拉	
FA306	18.53	19.64	6	6.22	6.10	4021.01	6	1.0175	3.87	1.52	1.04	350

罗拉握持距（mm）		罗拉加压（N）	罗拉直径（mm）	喇叭口直径（mm）	压力棒调节环直径（mm）
前~二	二~后	导条×前×二×后×压力棒	前×二×后		
43	45	118×362×392×362×58.8	45×35×35	2.8	13

齿轮的齿数						
Z_1	Z_2	Z_3	Z_4	Z_5	Z_6	Z_8
56	42	25	122	65	53	50

条 并 卷 工 艺

机型	小卷定量（g/m）		回潮率（%）	总牵伸倍数		线密度（tex）	并合数	成卷罗拉速度（m/min）	握持距（mm）		满卷定长（m）
	干重	湿重		机械	实际				前罗拉~二罗拉	三罗拉~后罗拉	
FA356A	62.29	66.03	6	1.641	1.666	67584.65	28	90	40	40	250

牵伸分配						胶辊加压（MPa）			
前成卷罗拉与后成卷罗拉	后成卷罗拉与前紧压辊间	前紧压辊与后紧压辊	台面压辊与前罗拉	前罗拉与后罗拉	后罗拉与导条辊	前胶辊	中胶辊	后胶辊	紧压胶辊
1.014	1.001	1.031	1.026	1.560	1.023	0.35	0.30	0.30	0.25

齿轮的齿数									
A	B	C	D	F	G	I	J	K	L
86	94	57	95	23/33	31	55	76	27	53

机型	精梳条定量（g/5m）		回潮率（%）	并合数	总牵伸倍数		线密度（tex）	落棉率（%）	给棉方式	给棉长度（mm）	转速(r/min)	
	干重	湿重			机械	实际					锡林	毛刷
FA266	19.94	21.14	6	8	103.71	124.95	4326.98	17	后退给棉	5.23	280	1137

牵伸分配						隔距			
圈条压辊与前罗拉	前罗拉与后罗拉	后罗拉与台面压辊	台面压辊与分离罗拉	分离罗拉与给棉罗拉	给棉罗拉与承卷罗拉	落棉隔距（刻度）	梳理隔距（mm）	顶梳进出隔距(mm)	顶梳高低隔距（档）
1.059	15.25	1.028	1.08	6.06	0.98	9	0.40	1.5	+0.5

主牵伸罗拉握持距（mm）	锡林定位（分度）	分离罗拉顺转定时（刻度）	加压(每端)(N)			
			前胶辊	中胶辊	后胶辊	分离胶辊
40	37	-1	380	560	560	300

齿轮的齿数							
A	B	C	E	F	G	H	J
144	154	137	18	53	38	30	38

📖 任务分析

根据表 2-3-1,精梳工艺的调整分为预并条工艺调整、条并卷工艺调整、精梳工艺调整 3 部分,每个工艺都要进行牵伸、速度、握持距(隔距)及其他工艺参数的调整。

🎯 任务实施

一、精梳准备

合理的工艺路线与工艺参数可以提高精梳小卷的质量,减小精梳落棉和粘卷。

目前精梳准备的工艺路线有并条与条卷、条卷与并卷、并条与条并卷 3 种,应根据纺纱品种及成纱质量要求合理选择。同时,应合理地确定精梳准备工序的并合数、牵伸倍数,尽可能提高纤维的伸直度、平行度,减少精梳条卷的粘连。

1. 精梳准备的工艺路线

(1)预并条→条卷:这种流程的特点是机器少,占地面积少,结构简单,便于管理和维修,但由于牵伸倍数较小,条卷中纤维的伸直平行不够,且由于采用棉条并合方式成卷,制成的小卷有条痕,横向均匀度差,精梳落棉多。

(2)条卷→并卷:其特点是条卷成形良好,层次清晰,且横向均匀度好,有利于梳理时钳板的握持,落棉均匀,适于纺细特纱。

(3)预并条→条并卷:其特点是条卷并合次数多,成卷质量好,条卷的重量不匀率小,有利于提高精梳机的产量并节约用棉。但纺制长绒棉时,因牵伸倍数过大易发生粘卷,且此种流程占地面积大。

在企业中,由于纺纱设备已经根据规划购置完成,所以精梳准备工艺的路线就已经确定,因此,只能根据现有的工艺路线来确定所要纺制的纱线品种。

2.精梳准备工艺

调整精梳准备工艺主要包括棉条与条卷的并合数、牵伸倍数及精梳条卷定量的设计。

(1)并合数与牵伸倍数:棉条或条卷的并合数越多,越有利于改善精梳条卷的纵向及横向结构,降低精梳条卷的不匀率,并有利于不同成分纤维的充分混和。但如果在精梳条卷定量不变的情况下增加并合数,会使并条机、条卷机及条并卷联合机的牵伸倍数增大,由牵伸产生的附加不匀增大,牵伸倍数过大,还会造成条子发毛而引起精梳条卷粘卷。

确定精梳准备工序的并合数与牵伸倍数时,应考虑精梳条卷及棉条的定量、精梳准备工序的流程及机型、精梳条卷的粘卷情况等因素。各机台的并合数及牵伸倍数见表2-3-2。

表2-3-2 并合数及牵伸倍数

机 型	并条机	条卷机	并卷机	条并卷联合机
并和数	5~8	16~24	5~6	20~28
牵伸倍数	4~9	1.1~1.6	4~6	1.3~2.0

(2)精梳条卷的定量:精梳条卷的定量影响精梳机的产量与质量。

增大精梳条卷定量的优点是:

①可提高精梳机的产量。

②分离罗拉输出的棉网增厚,棉网接合牢度大,棉网破洞、破边及纤维缠绕胶辊的现象得以改善,还有利于上、下钳板对棉网的横向握持均匀。

③棉丛的弹性大,钳板开口时棉丛易抬头,在分离接合过程中有利于新、旧棉网的搭接。

④有利于减少精梳条卷的粘卷。

但定量过重也会使精梳锡林的梳理负荷及精梳机的牵伸负担加重。

确定精梳条卷定量时,应考虑纺纱线密度、设备状态、给棉罗拉的给棉长度等因素。不同精梳机精梳条卷的定量见表2-3-3。

表2-3-3 精梳机精梳条卷的定量

机 型	FA251	CJ25	PX2J	CJ40	FA261	FA266	FA269	F1268	E7/5、E7/6	E62、E72
定量(g/m)	45~65	50~65	50~70	50~70	50~70	50~70	60~80	50~80	50~70	60~80

(3)并条机工艺

①棉条定量:应根据纺纱线密度、精梳条卷的定量、产品质量要求和加工原料的特性等因素来决定棉条定量的配置。一般纺细特纱时,产品质量要求较高,定量应偏轻掌握。精梳条卷的定量较重时,棉条定量可以较重掌握。但在罗拉加压充分的条件下,可适当加重棉条定量。棉条定量的参考值见表2-3-4。

表 2 - 3 - 4　棉条定量的参考值

纺纱线密度(tex)	19 ~ 13	13 ~ 9	< 7.5
预并条棉条定量(g/5m)	19 ~ 22	16 ~ 19	< 16

②牵伸工艺:并条机的总牵伸应接近于并合数,一般为并合数的 0.9 ~ 1.2 倍。总牵伸倍数应结合梳棉生条、条卷机或条并卷联合机的条卷定量和牵伸机构的能力综合考虑,合理配置。总牵伸配置范围见表 2 - 3 - 5。

表 2 - 3 - 5　总牵伸配置范围

牵伸形式	曲线牵伸	
并合数	6	8
总牵伸	5.5 ~ 7.5	7 ~ 10

并条机的牵伸,既要注意喂入棉条的内在结构和纤维的弯钩方向,又要兼顾牵伸造成的附加不匀率增大。并条机喂入的生条纤维排列紊乱,前弯钩居多,若配置较大的牵伸,虽可促使纤维伸直平行,提高分离度,但对消除前弯钩效果不明显。

前张力牵伸与加工的纤维类别、品种(普梳、精梳)、出条速度、集束器、喇叭头口径和形式、温湿度等因素有关,一般控制在 0.99 ~ 1.03 倍。纺纯棉时,前张力牵伸取 1 或略大于 1,纺精梳棉时,如棉条起皱,前张力牵伸可比纺普梳纯棉略大;当喇叭头口径偏小或采用压缩喇叭头形式时,前张力牵伸应略为放大。前张力牵伸的大小应以棉网能顺利集束下引,不起皱,不涌头为准。较小的前张力牵伸对条干均匀有利。FA 系列并条机都采用喇叭口加集束器的成条技术,可采用较小的前张力牵伸。

后张力牵伸(导条张力牵伸)应根据品种、纤维原料的不同和前工序圈条成形的优劣做调整,还与棉条喂入形式有关。目前 FA 系列并条机绝大多数均采用悬臂导条辊高架顺向导入式(有上压辊或无上压辊)。导条喂入装置主要使条子不起毛,避免意外伸长,使棉条能平列(不重叠)顺利地进入牵伸区。后张力牵伸一般配置 1.01 ~ 1.02(带上压辊)、1.00 ~ 1.03(不带上压辊)。

③罗拉握持距:正确配置罗拉握持距对提高棉条质量至关重要,纤维长度、性状及整齐度是决定罗拉握持距的主要因素。握持距过大,会使条干恶化、纤维伸直平行效果差、成纱强力下降;握持距过小,则牵伸力过大,容易形成粗节和纱疵。罗拉握持距的配置见表 2 - 3 - 6。

表 2 - 3 - 6　罗拉握持距的配置

牵伸形式	罗拉握持距(mm)		
	前　区	中　区	后　区
三上四下曲线牵伸	$L_P + (3 \sim 5)$	~ L_P	$L_P + (10 \sim 16)$
五上三下曲线牵伸	$L_P + (2 \sim 6)$		$L_P + (8 \sim 15)$
三上三下压力棒曲线牵伸	$L_P + (6 \sim 12)$		$L_P + (8 \sim 14)$

④罗拉加压:并条机各罗拉加压的配置应根据牵伸形式、前罗拉速度、棉条定量和原料性能等因素综合考虑。一般罗拉速度快、棉条定量重时,罗拉加压应适当加重。牵伸形式、出条速度与加压力的关系见表2-3-7。

表2-3-7　牵伸形式、出条速度与罗拉加压的关系

牵 伸 形 式	出条速度 (m/min)	罗拉加压(N)					
		导向辊	前上罗拉	二上罗拉	三上罗拉	后上罗拉	压力棒
三上四下曲线牵伸	150 以下		150~200	250~300		200~250	
三上四下曲线牵伸	150~250		200~250	300~350		200~250	
五上三下曲线牵伸	200~500	140	260	450		400	
三上三下压力棒曲线牵伸	200~600	100~200	300~380	350~400		350~400	50~100

⑤压力棒工艺:压力棒为梨状金属棒,与纤维接触的下端面圆弧曲率半径为6mm。压力棒中心至第二罗拉中心垂直距离固定,纤维长度40mm以下时为19.6mm。当压力棒调节环用蓝色(ϕ14mm)时,压力棒下母线与第一罗拉上母线在同一水平面。根据所纺纤维长度、品种、品质和定量的不同,变换不同直径(颜色)的调节环,使压力棒在牵伸区中处于不同位置(高低),从而获得对棉层的不同控制。调节环直径愈小控制力愈强,反之则愈弱。通常棉纤维一般从直径为14mm(蓝)、13mm(黄)、12mm(红)的压力棒中选取。

⑥喇叭头孔径:喇叭头孔径主要根据棉条定量而定,合理地选择孔径,可使棉条抱合紧密、表面光洁,减少纱疵。

$$喇叭头孔径(mm) = C \times \sqrt{G_m}$$

式中:C——经验常数;

　　G_m——棉条定量,g/5m。

使用压缩喇叭头时,C为0.6~0.65,使用普通喇叭头时,C为0.85~0.90。

当并条机速度较高、张力牵伸较小、相对湿度较高、喇叭头出口至紧压罗拉握持点距离较大时,孔径应偏大掌握。

(4)条卷机工艺

①牵伸工艺:牵伸区有主牵伸区和预牵伸区。第3~4罗拉间为无牵伸区,牵伸尽可能等于1,以免涌条或意外牵伸。牵伸机构的牵伸一般在1.3~1.7倍。当总牵伸大于1.5倍时,预牵伸用1.15~1.3倍,当总牵伸小于等于1.5倍时,预牵伸一般用1.05倍。

②罗拉握持距:罗拉握持距应根据纤维长度及喂入棉条总定量等因素确定。

　　　　主牵伸区握持距 = 纤维品质长度 + (5~8)mm

　　　　预牵伸区握持距 = 纤维品质长度 + (7~13)mm

③胶辊加压:气囊充气之后通过挂钩对胶辊施压,可通过调节减压阀改变压力。气压表显示压力与胶辊加压压力的对照见表2-3-8。

表 2-3-8　气压表压力与胶辊压力对照

气压表压力(MPa)	0.1	0.125	0.15	0.175	0.2
胶辊总压力(N)	490	612.5	735	857.5	980

④紧压辊加压。调节拉簧的长度可以改变紧压辊的压力。拉簧下端的螺杆上有 3 个凹槽为刻度。刻度位置与紧压辊压力的对照见表 2-3-9。

表 2-3-9　紧压辊压力参考值

刻度位置	每侧压力(N)	两侧合计压力(N)
1	117.6	235.2
2	157	314
3	196	392

⑤成卷加压。调节总输入气压可以改变成卷压力。压力过高,容易产生粘卷,压力过低,条卷结构松弛,成卷压力一般在 0.3~0.5MPa。压力表显示压力与成卷压力的对照见表 2-3-10。

表 2-3-10　成卷压力参考值

压力表显示压力(MPa)	0.3	0.35	0.4	0.45	0.5
棉卷加压(N/cm)	161.7	188.7	215.6	243.0	269.5
夹盘对筒管的夹持力(N)	1470	1715	1960	2205	2450

⑥满卷长度。满卷长度 150~200m,可预先设定。

(5)并卷机工艺

①牵伸工艺。FA344 型并卷机的总牵伸倍数为 5.4~7.1。台面张力牵伸、成卷张力牵伸应尽量偏小选用,避免意外牵伸,但也应防止张力太小而涌卷。

②罗拉握持距。

主牵伸区握持距 = 纤维品质长度 + (5~8)mm

预牵伸区握持距 = 纤维品质长度 + (7~13)mm

③牵伸胶辊加压。应根据喂入棉层的定量设定牵伸胶辊的加压量。压力不足,输出棉层上会出现未牵伸开的棉块,压力过大,影响罗拉轴承的使用寿命。牵伸胶辊所加压力参考值见表 2-3-11。

表 2-3-11　牵伸胶辊所加压力参考值

喂入小卷定量(g/m)	55	60	65	70	75
所需压力(MPa)	0.06	0.06	0.075	0.09	0.09
牵伸胶辊加压量(N)	588	588	735	882	882

④紧压辊加压。紧压辊压力参考值见表 2-3-9。

⑤成卷加压。通过调节总输入气压可以改变成卷压力。压力过高,易粘卷;压力过低,条卷

结构松弛,成卷压力一般在 0.3 ~ 0.5MPa。压力表显示值与成卷压力的关系见表 2 - 3 - 12。

表 2 - 3 - 12　成卷压力参考值

压力表显示压力(MPa)	0.3	0.35	0.4	0.45	0.5
成卷加压(N/cm)	135.24	157.8	180.32	202.86	225.4
夹盘对筒管的夹持力(N)	1470	1715	1960	2205	2450

⑥制动压力。机器停车时,制动汽缸充气,推动制动器将传动轴制动。制动压力得当,落卷的条卷尾部卷绕整齐、成形好。制动压力约在 0.1MPa。

⑦并合数。因原料或温湿度影响而使精梳条卷产生粘卷时,可通过减轻成卷压力、加大紧压辊压力等方法来消除粘卷;还可将原 6 卷并合改为 5 卷并合,相应降低牵伸,以减轻精梳小卷粘卷现象。

⑧满卷长度。满卷定长 150 ~ 200m,可预先设定。

(6)条并卷机工艺

①牵伸工艺。FA356A 型条并卷机的牵伸倍数在 1.3 ~ 2.27。预牵伸应根据喂入定量进行选择。

②罗拉隔距。纤维长度与罗拉隔距、握持距的关系见表 2 - 3 - 13。

表 2 - 3 - 13　纤维长度与罗拉隔距、握持距的关系　　　　　　　　单位:mm

纤维长度	主牵伸罗拉隔距	主牵伸罗拉握持距	预牵伸罗拉隔距	预牵伸罗拉握持距
24 ~ 26	2	34	3	38
26 ~ 28	2	34	4	39
28 ~ 30	4	36	4	39
30 ~ 32	6	38	5	40
32 ~ 34	8	40	5	40
34 ~ 36	10	42	6	41
36 ~ 38	12	44	8	43
38 ~ 40	14	46	8	43

③加压。通过调节相应的调压阀可以改变牵伸胶辊的压力。牵伸前胶辊的压力表显示值在 0.25 ~ 0.45MPa,中、后牵伸胶辊的压力表显示值在 0.2 ~ 0.35MPa;紧压辊加压 0.25MPa。

④并合数。如粘卷严重,可减少本机的并合数,并相应降低其总牵伸。

⑤满卷长度。满卷长度 250m,可预先设定。

实施本任务选择的精梳准备工艺流程是:FA306 型并条机 ➡ FA356A 型条并卷机。

二、精梳设备

调整精梳工艺有以下要求:

(1)合理确定精梳落棉。合理的精梳落棉率可以提高精梳产品的质量与经济效益。应根据纺纱的品种、成纱的质量要求、原棉条件及精梳准备流程及工艺情况确定精梳落棉率。

（2）充分发挥锡林的作用。应根据成纱的品种及质量要求合理选择精梳锡林的规格及种类，以提高其梳理效果。

（3）合理确定定时定位。合理的定时、定位及隔距有利于减少精梳棉结杂质，提高精梳条的质量。

1. 精梳条的定量

精梳条的定量偏重为好，因为精梳条定量重，可以降低精梳机的牵伸倍数，减小由于牵伸造成的附加不匀，降低精梳条的条干 CV 值。精梳条的定量值见表 2－3－14、表 2－3－15。

表 2－3－14　精梳条定量值

机　型	FA251	CJ25	PX2J	CJ40	FA261	FA266	FA269	F1268	E7/5、E7/6	E62、E72
定量(g/5m)	12.5～25	14.5～21.5	15～30							

表 2－3－15　不同线密度纱线的精梳条定量值

线密度(tex)	19.5～14.6	13～8.3	7.3～5.8
精梳条参考定量(g/5m)	23～25	20～23	18～21

2. 精梳机的给棉与钳持工艺

精梳机给棉与钳持工艺包括给棉方式、给棉长度、钳板开闭口定时等内容。

（1）给棉方式：精梳机的给棉方式有两种，即前进给棉、后退给棉。

采用后退给棉时，锡林对棉丛的梳理强度比前进给棉大，这对降低棉结杂质、提高纤维伸直平行度有利，同时分界纤维长度长，精梳落棉多，棉网短绒少。

精梳机的给棉方式应根据纺纱线密度、纱线的质量要求等因素而定。在生产中一般根据精梳落棉率的大小而定，当精梳落绵率大于 17% 时，采用后退给棉；当精梳落棉率小于 17% 时，采用前进给棉。

（2）给棉长度：精梳机的给棉长度对精梳机的产量及质量均有影响。

当给棉长度大时，精梳机的产量高，分离罗拉输出的棉网较厚，棉网的破洞、破边可减少，开始分离接合的时间提早，但会使精梳锡林的梳理负担加重而影响梳理效果，也会加重精梳机牵伸装置的牵伸负担。因此，给棉罗拉的给棉长度应根据纺纱线密度、精梳机的机型、精梳条卷定量等情况而定。几种精梳机的给棉长度见表 2－3－16。

表 2－3－16　精梳机的给棉长度　　单位：mm

机　型	前进给棉	后退给棉
FA251	6、6.5、7.1	4.9、5.2、5.6
CJ25	—	5.23、5.61、6.04
PX2J	—	4.71、4.96、5.23、5.89
CJ40	—	
FA261	5.2、5.9、6.7	4.2、4.7、5.2、5.9
FA266		
FA269	5.2、5.9	4.7、5.2、5.9
F1268		
E7/5	5.2、5.9、6.7	4.2、4.7、5.2、5.9
E7/6		
E62	5.2、5.9	4.7、5.2、5.9
E72		

（3）钳板运动定时：钳板运动定时主要包括钳板最前位置定时和开、闭口定时。

①钳板最前位置定时。精梳机的其他定时与定位都以钳板最前位置定时为依据。不同精梳机钳板最前位置定时见表 2-3-17。

表 2-3-17　精梳机钳板最前位置定时

机　型	FA251	CJ25	PX2J	CJ40	FA261	FA266	FA269	F1268	E7/5、E7/6	E62、E72
定时（分度）	0(40)		20	0(40)			24			24

②钳板闭口定时。钳板闭口定时要与锡林梳理开始定时相配合，一般情况下钳板闭口定时要早于或等于锡林开始梳理定时，否则锡林梳针有可能抓走钳板中的纤维，使精梳落棉中的可纺纤维增多。锡林梳理开始定时的早晚与锡林定位和落棉隔距的大小有关。锡林开始梳理定时见表 2-3-18（FA266 型、FA269 型、F1268 型精梳机）。

表 2-3-18　锡林开始梳理定时

落棉刻度		5	6	7	8	9	10	11	12
锡林梳理 开始定时	锡林定位 37	35.05	34.95	34.85	34.75	34.65	34.55	34.45	34.35
	锡林定位 38	35.77	35.65	35.53	35.41	35.32	35.23	35.12	35.01

③钳板开口定时。钳板开口定时晚时，被锡林梳理过的棉丛受上钳板钳唇的下压作用而不能迅速抬头，不能很好地与分离罗拉倒入机内的棉网进行搭接而影响分离接合质量，严重时，分离罗拉输出棉网会出现破洞与破边现象。因此，从分离接合方面考虑，钳板钳口开启越早越好。

精梳机钳板的闭合与开启是在钳板前、后摆动到同一处发生，几乎所有的精梳机都遵循这一规律，即钳板后退时在什么地方闭合，钳板在前进时就在什么地方开启。

FA266、FA269、F1268 型精梳机不同落棉隔距时钳板开口与闭口定时见表 2-3-19。

表 2-3-19　钳板的开口与闭口定时

落棉刻度	5	6	7	8	9	10	11	12
闭合定时（分度）	34.4	34.0	33.6	33.2	32.9	32.5	32.0	31.7
开口定时（分度）	6.8	7.6	8.3	9.1	9.8	10.5	11.3	12.1

3. 精梳机的梳理与落棉工艺

（1）梳理隔距：由于钳板传动采用四连杆机构，而锡林为圆周运动，故梳理隔距随时间变化。在一个工作循环中，梳理隔距的变化幅度越小，梳理负荷越均匀，梳理效果就越好。按精梳机钳板支撑的方式不同，可分为下支点（如 A201 系列）、上支点式（如 FA251 型）和中支点（如 FA261 型）钳板。无论采用何种支撑方式，都存在梳理隔距最小点，此点称为最紧隔距点。现在多用中支点钳板，而 FA261 型、FA266 型、FA269 型、F1268 型精梳机最紧隔距点无法调整。最紧隔距点所在的分度随落棉隔距的改变而变化,调整时应引起注意。

（2）落棉隔距:落棉隔距越大,则分离隔距越大,钳板握持棉丛的重复梳理次数及分界纤维长度越大,故可提高梳理效果和精梳落棉率。因此,改变落棉隔距是调整精梳落棉率和梳理质量的重要手段。一般情况下,落棉隔距改变1mm,精梳落棉率改变约2%。应根据纺纱线密度和纺纱的质量要求选择落棉隔距的大小。

在精梳机上,通常采用改变落棉刻度盘上刻度的方式来调整落棉隔距。精梳机落棉刻度与落棉隔距的关系见表2-3-20(FA266型、FA269型、F1268型精梳机)。

表2-3-20　落棉刻度与落棉隔距的关系

落棉刻度	5	6	7	8	9	10	11	12
落棉隔距(mm)	6.34	7.47	8.62	9.78	10.95	12.14	13.34	14.55

（3）锡林定位:锡林定位也称弓形板定位,其目的是改变锡林与钳板、锡林与分离罗拉运动的配合关系,以满足不同纤维长度及不同品种的纺纱要求。

锡林定位的早晚,影响锡林第一排及末排梳针与钳板钳口相遇的分度,即影响开始梳理及梳理结束时的分度,也影响锡林末排梳针通过锡林与分离罗拉最紧隔距点时的分度。

锡林定位早时,锡林开始梳理定时、梳理结束定时均提早,要求钳板闭合定时要早,以防棉丛被锡林梳针抓走;锡林定位晚时,锡林末排梳针通过最紧隔距点时的分度亦晚,有可能将分离罗拉倒入机内的棉网抓走而形成落棉。

所纺纤维越长时,锡林末排梳针通过最紧隔距点时分离罗拉倒入机内的棉网长度越长,越易被锡林末排梳针抓走。因此当所纺纤维较长时,锡林定位提早为好。锡林定位不同时,FA266型、FA269型及F1268型精梳机锡林末排梳针通过最紧隔距点的分度见表2-3-21。

表2-3-21　锡林末排梳针通过最紧隔距点的分度值

锡林定位(分度)	36	37	38
末排梳针通过最紧隔距点的分度(分度)	9.48	10.48	11.48
适纺纤维长度(mm)	31以上	27~31	27以下

（4）顶梳高低隔距及进出隔距:顶梳的高低隔距越大,顶梳插入棉丛越深,梳理作用越好,精梳落棉率就越高。但高低隔距过大时,会影响分离接合开始时棉丛的抬头。顶梳高低隔距共分五档,分别用-1、-0.5、0、+0.5、+1来表示,标值越大,顶梳插入棉丛就越深。顶梳高低隔距每增加一档,精梳落棉增加1%左右。

顶梳的进出隔距越小,顶梳梳针将棉丛送向分离罗拉越近,越有利于分离接合工作的进行。但进出隔距过小,易造成梳针与分离罗拉表面碰撞。顶梳进出隔距一般为1.5mm。

4.分离接合工艺

精梳机的分离接合工艺主要是利用改变分离罗拉顺转定时的方法,调整分离罗拉与锡林、分离罗拉与钳板的相对运动关系,以满足不同长度纤维及不同纺纱工艺的要求。

（1）对分离罗拉顺转定时的要求:根据分离接合的要求,分离罗拉顺转定时要早于分离接合开始定时,否则分离接合工作无法进行。分离罗拉顺转定时应满足以下要求:

①分离罗拉顺转定时应保证开始分离时分离罗拉的顺转速度大于钳板的前摆速度。

②分离罗拉顺转定时应保证分离罗拉倒入机内的棉网不被锡林末排梳针抓走。

（2）分离刻度与分离罗拉顺转定时的关系:精梳机分离罗拉顺转定时的调整方法是改变曲柄销与143^{T}大齿轮（或称分离罗拉定时调节盘）的相对位置。分离罗拉定时调节盘上刻有刻度,刻度从"－2"到"＋1",其间以0.5为基本单位。分离刻度与分离罗拉顺转定时的关系见表2－3－22（FA261型、FA266型、FA269型精梳机）。

表2－3－22　分离刻度与分离罗拉顺转定时的关系

分离刻度	+1	+0.5	0	-1	-1.5	-2
分离罗拉顺转定时（分度）	14.5	15.2	15.8	16.8	17.5	18

（3）分离罗拉顺转定时确定:分离罗拉顺转定时应根据所纺纤维长度、锡林定位、给棉长度及给棉方式等因素确定。

纤维长度越长时,倒入机内棉网的头端到达分离罗拉与锡林隔距点时的分度越早,易于造成棉网被锡林末排梳针抓走,因此当所纺纤维长度长时,分离罗拉顺转定时应相应提早。

锡林定位早时,锡林末排梳针通过锡林与分离罗拉隔距点的分度提早,分离罗拉顺转定时也应提早。

采用长给棉时,由于开始分离的时间提早,分离罗拉顺转定时也应适当提早,以防在分离接合开始时,钳板的前进速度大于分离罗拉的顺转速度而产生棉网头端弯钩。

5.其他工艺

（1）分离罗拉集棉器:分离罗拉集棉器可以调节棉网宽度,可根据不同原料与品种的需要来调整。通过改变垫片的集棉宽度来实现291mm、293mm、295mm、297mm、299mm、301mm、302mm、305mm等不同宽度的要求,以改善棉网破边问题。

（2）牵伸:三上五下牵伸装置的主牵伸和后区牵伸均为曲线牵伸,摩擦力界分布合理,后牵伸区牵伸倍数可以适当放大,以利于精梳条的条干均匀度和弯钩纤维的伸直。后牵伸区牵伸倍数有1.14、1.36、1.5三档。

（3）加压:精梳机采用气动加压方式。

①分离胶辊:两端加压,范围是240～384N/端;

②前胶辊:两端加压,范围是346～415N/端;

③中、后胶辊:两端加压,范围是485～623N/端。

任务实施

根据表2－3－1,对精梳机及其准备设备的相应工艺参数进行调整。

考核评价

表 2 - 3 - 23 考核评分表

工艺项目	分　值	得　分
预并条牵伸调整	20(按照要求进行调整,少一项扣2分)	
并条机速度、隔距及其他工艺参数调整	10(按照要求进行调整,少一项扣2分)	
条并卷机牵伸调整	20(按照要求进行调整,少一项扣2分)	
条并卷机速度、隔距及其他工艺参数调整	10(按照要求进行调整,少一项扣2分)	
精梳机牵伸调整	20(按照要求进行调整,少一项扣2分)	
精梳机速度、隔距及其他工艺参数调整	20(按照要求进行调整,少一项扣2分)	
姓　名	班 级　　　　　　学 号	总得分

思考与练习

在实训工厂,按照任务单对精梳机及其准备设备的相关参数进行调整。

任务4　并条工艺的调整

● 学习目标 ●

能根据工艺单进行并条机工艺参数的调整。

任务引入

根据纺纱工艺的任务单,进行并条机的工艺调整,任务单见表 2 - 4 - 1。

表 2 - 4 - 1　并条工艺的任务单

机型	条子定量(g/5m)		回潮率(%)	总牵伸倍数		线密度(tex)	并合数	牵伸倍数分配				紧压罗拉速度(m/min)
	干重	湿重		机械	实际			紧压罗拉~前罗拉	前罗拉~后罗拉	后罗拉~检测罗拉	检测罗拉~导条罗拉	
FA326A	14.97	15.87	6	8.15	7.99	3248.49	6	1.0167	7.74	1.02	1.0135	384

罗拉握持距(mm)		罗拉加压(N)	罗拉直径(mm)	喇叭口直径(mm)	压力棒调节环直径(mm)
前~中	中~后	导条×前×中×后×压力棒	前×中×后		

机型	条子定量（g/5m）		回潮率（%）	总牵伸倍数		线密度（tex）	并合数	牵伸倍数分配				紧压罗拉速度（m/min）
	干重	湿重		机械	实际			紧压罗拉~前罗拉	前罗拉~后罗拉	后罗拉~检测罗拉	检测罗拉~导条罗拉	
44	45		118×353	392×353	×58.8	45×35×35		2.4				13

齿轮的齿数								
Z_1	Z_2	Z_3	Z_4	Z_5	Z_6	Z_7	Z_8	Z_9
30	34	61	73	75	74	78	36	49

任务分析

根据表 2-4-1,并条工艺的调整分为牵伸调整、速度调整、握持距调整及其他工艺参数的调整。通常先进行牵伸调整,然后进行速度、握持距及其他工艺参数的调整。

相关知识

并条工序要求纺制定量符合设计标准、条干均匀度好、重量不匀率低,纱疵少的熟条。工艺调整必须考虑熟条的质量要求、所要加工原料的特点、设备条件等因素。

一、工艺道数

选择合理的工艺道数和并合数,对于改善纤维伸直、平行度,提高混和均匀性十分重要。并条工艺道数还受纤维弯钩方向的制约,一般梳棉纱工艺应符合奇数配置,精梳纱工艺应符合偶数配置。在精梳后的并条工序,喂入棉条纤维已充分伸直平行,生产中容易产生意外牵伸,所以精梳后的并条工序可以使用一道有自调匀整装置的并条机。

为了保证质量,一般梳棉纱采用两道并条,并合数通常为 48 或 64。增加并合数可以有效改善重量不匀率,提高纤维混和的均匀性,但过多的并合道数和过大的牵伸倍数,会使纤维疲劳、条子熟烂而影响条干均匀性并增加纱疵。使用有预牵伸和自调匀整的梳棉机,可以减少并条道数。

纯棉纺并条机的工艺道数应视品种而定。使用自调匀整装置后,可以减少工艺道数,特别是精梳后宜采用一道并条。常规并条机的工艺道数一般不少于两道,色纺或混色要求高的品种可以增加道数。纯棉纺工艺道数见表 2-4-2。

表 2-4-2　纯棉纺工艺道数

品　　种	精梳后并条	细特纱及特种用纱	粗、中特纱	转杯纱
有自调匀整并条机	1	2~3	2	1~2
无自调匀整并条机	2	2~3	2	2

二、牵伸的配置

1. 总牵伸

并条机的总牵伸应接近于并合数,一般取并合数的 0.9 ~ 1.2 倍。总牵伸倍数应结合精梳棉条定量、粗纱定量和牵伸机构的能力综合考虑,合理配置。总牵伸配置范围见表 2 − 4 − 3。

表 2 − 4 − 3 　总牵伸配置范围

牵伸形式	曲线牵伸	
并合数	6	8
总牵伸	5.5 ~ 7.5	7 ~ 10

2. 各道并条机的牵伸分配

头、二道并条机的牵伸配置,既要注意喂入棉条的内在结构和纤维的弯钩方向,又要兼顾逐次牵伸造成的附加不匀率增大。有两种工艺路线可供选择:一种是头并牵伸大(大于并合数)、二并牵伸小(等于或略小于并合数),又称倒牵伸,这种牵伸配置有利于改善熟条的条干均匀度;另一种是头并牵伸小、二并牵伸大,又称顺牵伸,这种牵伸配置有利于纤维的伸直,对提高成纱强力有利。

头道并条机喂入的生条纤维排列紊乱,前弯钩居多,若配置较大的牵伸,虽可促使纤维伸直平行,提高分离度,但对消除前弯钩效果不明显;二道并条机喂入条的内在结构已有较大改善,且纤维中后弯钩居多,可配置较大牵伸,以消除后弯钩,但对条干均匀度不利。

纺特细特纱时,为了减少后续工序的牵伸,可采用头并略大于并合数,而二并可更大(如当并合数为 8 时,可用 9 倍牵伸或 10 倍以上)。原则上头并牵伸倍数要小于并合数,头并的后区牵伸选 2 倍左右;二并的总牵伸倍数略大于并合数,后区牵伸维持弹性牵伸(小于 1.2 倍)。

3. 部分牵伸分配的确定

并条机虽然牵伸形式不同,但大都为双区牵伸,所以,部分牵伸分配主要是指后区牵伸和前区牵伸(主牵伸区)的分配问题。

(1)主牵伸。由于主牵伸区的摩擦力界较后区布置的更合理,所以牵伸倍数主要靠主牵伸区承担,主牵伸配置参考因素见表 2 − 4 − 4。

表 2 − 4 − 4 　主牵伸配置参考因素

参考因素	主牵伸区摩擦力界布置合理	纤维伸直度好	加压足够并可靠	纤维后弯钩居多
主牵伸倍数	较大	较大	较大	较大

(2)后牵伸。一方面由于摩擦力界布置的特点,后区不宜进行大倍数牵伸,因为后区牵伸一般为简单罗拉牵伸,故牵伸倍数要小,只应起为前区牵伸做好准备的辅助作用,一般配置的范围为:头道并条的后区牵伸倍数在 1.6 ~ 2.1,二道并条的后区牵伸倍数在 1.06 ~ 1.15;另一方面,由于喂入后区的纤维排列十分紊乱,棉条内在结构较差,不适宜进行大倍数牵伸。此外,后区采用小倍数牵伸,则牵伸后进入前区的须条,不至于严重扩散,须条中纤维抱合紧密,有利于

前区牵伸的进行。

（3）前张力牵伸。前张力牵伸与加工的纤维类别、品种（普梳、精梳）、出条速度、集束器、喇叭头口径和形式、温湿度等因素有关，一般控制在 0.99～1.03 倍。纺纯棉时，前张力牵伸取 1 或略大于 1；纺精梳棉时，如棉条起皱，前张力牵伸可比纺普梳纯棉略大；当喇叭头口径偏小或采用压缩喇叭头形式时，前张力牵伸应略为放大。前张力牵伸的大小应以棉网能顺利集束下引，不起皱，不涌头为准。较小的前张力牵伸对条干均匀有利。FA 系列并条机都采用喇叭口加集束器的成条技术，可采用较小的前张力牵伸。

（4）后张力牵伸。后张力牵伸（导条张力牵伸）应根据品种、纤维原料的不同和前工序圈条成形的优劣做调整，它还与棉条喂入形式有关。目前 FA 系列并条机绝大多数均采用悬臂导条辊高架顺向导入式（有上压辊或无上压辊）。导条喂入装置主要应使条子不起毛，避免意外伸长，使棉条能平列（不重叠）顺利进入牵伸区。后张力牵伸倍数一般配置 1.01～1.02（带上压辊）或 1.00～1.03（不带上压辊）。

三、罗拉握持距

正确配置罗拉握持距对提高棉条质量至关重要，纤维长度、性状及整齐度是决定罗拉握持距的主要因素。纤维长度长、整齐度好时握持距可偏大掌握。

握持距过大，会使条干恶化、成纱强力下降；握持距过小，会产生胶辊滑溜，牵伸不开，拉断纤维而增加短绒等现象，破坏后续工序的产品质量。为了既不损伤长纤维，又能控制绝大部分纤维的运动，并且考虑到胶辊在压力作用下产生变形使实际钳口向两边扩展的因素，罗拉握持距必须大于纤维的品质长度。这是针对各种牵伸形式的共同原则。配置罗拉握持距的参考因素见表 2－4－5。

表 2－4－5　配置罗拉握持距的参考因素

各项因素	棉条定量		罗拉加压		纤维整齐度		输出速度		工艺道数		牵伸倍数		喂入条紧密度		附加摩擦力界机构	
	轻	重	轻	重	差	好	快	慢	头道	二道	大	小	紧	松	有	无
罗拉握持距	宜小	宜大	宜大	宜小	宜小	宜大	宜小	宜大	宜小	宜大	宜小	宜大	宜大	宜小	宜大	宜小

握持距 S 可根据下式确定：

$$S = L_p + P$$

式中：S——罗拉握持距，mm；

L_p——纤维品质长度，mm；

P——根据牵伸力的差异及罗拉钳口扩展长度而确定的长度，mm。

罗拉握持距的配置范围见表 2－4－6。

表 2 - 4 - 6 　 罗拉握持距的配置范围

牵 伸 形 式	罗拉握持距（mm）		
	前 　 区	中 　 区	后 　 区
三上四下曲线牵伸	$L_p + (3 \sim 5)$	~L_p	$L_p + (10 \sim 16)$
五上三下曲线牵伸	$L_p + (2 \sim 6)$		$L_p + (8 \sim 15)$
三上三下压力棒曲线牵伸	$L_p + (6 \sim 12)$		$L_p + (8 \sim 14)$

在压力棒牵伸装置中，主牵伸区罗拉握持距的大小取决于前胶辊移距（前移或后移）、中胶辊移距（前移或后移）以及压力棒在主牵伸区内与前罗拉间的隔距 3 个参数。实践表明，压力棒牵伸装置的前区握持距对条干均匀度影响较大，在前罗拉钳口握持力充分的条件下，握持距越小，条干均匀度越好。

四、罗拉加压

重加压是实现对纤维运动有效控制的主要手段，它对摩擦力界的影响最大，重加压也是实现并条机优质高产的重要手段。并条机各罗拉加压的配置应综合考虑牵伸形式、前罗拉速度、棉条定量和原料性能等因素，一般罗拉速度快、棉条定量重时，罗拉加压应适当加重。牵伸形式、出条速度与加压重量的关系见表 2 - 4 - 7。

表 2 - 4 - 7 　 牵伸形式、出条速度与加压重量的关系

牵 伸 形 式	出条速度（m/min）	罗拉加压（N）					
		导向辊	前上罗拉	二上罗拉	三上罗拉	后上罗拉	压力棒
三上四下曲线牵伸	150 以下		150 ~ 200	250 ~ 300		200 ~ 250	
三上四下曲线牵伸	150 ~ 250		200 ~ 250	300 ~ 350		200 ~ 250	
五上三下曲线牵伸	200 ~ 500	140	260	450		400	
三上三下压力棒曲线牵伸	200 ~ 600	100 ~ 200	300 ~ 380	350 ~ 400		350 ~ 400	50 ~ 100

五、压力棒工艺

压力棒在牵伸区内是一种附加摩擦力界机构，被 FA 系列各种型号并条机普遍采用。压力棒安装在牵伸区内，加强了对纤维、特别是浮游纤维运动的控制，有利于提高牵伸质量，改善棉条内在结构，降低条干不匀率。压力棒可分为下压式和上托式两种，两种形式的作用原理和效果是相同的。

压力棒为梨状金属棒，与纤维接触的下端面圆弧的曲率半径为 6mm。压力棒中心至第二罗拉中心垂直距固定，纤维长度 40mm 以下时为 19.6mm。当压力棒调节环用蓝色（φ14mm）时，压力棒下母线与第一罗拉上母线在同一水平面。根据所纺纤维长度、品种、品质和定量的不同，变换不同直径（颜色）的调节环，使压力棒在牵伸区中处于不同高低位置，从而获得对棉层

的不同控制,调节压力棒位置高低的因素见表2-4-8。调节环直径愈小,控制力愈强,反之愈弱。对于棉纤维一般从直径为14mm(蓝)、13mm(黄)、12mm(红)的压力棒调节环中选取。

表2-4-8　调节压力棒位置高低的因素

各项因素	品　　种		工艺道数		棉条定量		纤维整齐度		前区隔距		牵伸倍数		胶辊加压	
	梳棉纱	精梳纱	头道	二道	重	轻	好	差	大	小	大	小	大	小
位置高低	宜低	宜高	宜大	宜低	宜高	宜低	宜高	宜低	宜低	宜高	宜低	宜高	宜低	宜高

六、喇叭头孔径

喇叭头孔径主要根据棉条定量而定,合理选择孔径,可使棉条抱合紧密,表面光洁,减少纱疵。

$$喇叭头孔径(mm) = C \times \sqrt{G_m}$$

式中:C——经验常数;

G_m——棉条定量,g/5m。

使用压缩喇叭头时,C为0.6~0.65,使用普通喇叭头时,C为0.85~0.90。

当并条机速度较高、张力牵伸较小、相对湿度较高、喇叭头出口至紧压罗拉握持点距离较大时,喇叭头孔径应偏大掌握。棉条定量与喇叭头口径的关系见表2-4-9。

表2-4-9　棉条定量与喇叭头口径的关系

棉条定量(g/5m)	压缩喇叭孔径(mm)	普通喇叭孔径(mm)	棉条定量(g/5m)	压缩喇叭孔径(mm)	普通喇叭孔径(mm)
<12	2.0~2.2	2.8~3.0	20	2.7~2.9	3.8~4.0
12	2.1~2.3	2.9~3.1	22	2.8~3.0	4.0~4.2
14	2.2~2.4	3.2~3.4	24	3.0~3.2	4.2~4.4
16	2.4~2.6	3.4~3.6	>24	3.2~3.4	4.4~4.6
18	2.6~2.8	3.6~3.8			

任务实施

根据表2-4-1,对并条机相应的工艺参数进行调整。

考核评价

表2-4-10　考核评分表

考核项目	分　　值	得　　分
并条牵伸调整	40(按照要求进行调整,少一项扣5分)	
速度调整	20(按照要求进行调整,少一项扣5分)	
隔距调整	20(按照要求进行调整,少一项扣5分)	
其他工艺参数调整	20(按照要求进行调整,少一项扣5分)	
姓　名　　　　班　级　　　　学　号　　　　总得分		

实训练习

在实训工厂，按照任务单对并条机的相关参数进行调整。

任务5 粗纱工艺的调整

● 学习目标 ●

能根据工艺单进行粗纱机工艺参数的调整。

⦿ 任务引入

根据纺纱工艺的任务单，进行粗纱设备的工艺调整，任务单见表2-5-1。

表2-5-1 粗纱工艺的任务单

机 型	粗纱定量(g/10m)		回潮率(%)	总牵伸倍数		后区牵伸倍数	线密度(tex)	计算捻度(捻/10cm)	捻系数	罗拉握持距(mm)		
	干重	湿重		机械	实际					前~二	二~三	三~后
TJFA458A	3.48	3.71	6.6	8.79	8.61	1.356	377.58	4.624	89.85	35	52	53

罗拉加压(N)	罗拉直径(mm)	轴向卷绕密度(圈/10cm)	径向卷绕密度(层/10cm)	转速(r/min)	
前×二×三×后	前×二×三×后			前罗拉	锭子
120×200×150×150	28×28×25×28	52.2	250.18	232.64	945.78

集合器口径(宽×高)(mm)			钳口隔距(mm)	齿轮的齿数												
前区	后区	喂入		Z_1	Z_2	Z_3	Z_4	Z_5	Z_6	Z_7	Z_8	Z_9	Z_{10}	Z_{11}	Z_{12}	Z_{14}
6×4	5×3	7×5	3.5	70	103	52	32	32	79	35	36	22	45	24	37	20

⦿ 任务分析

根据表2-5-1，粗纱工艺的调整分为粗纱牵伸调整、捻度调整、速度调整、握持距调整、粗纱卷绕密度调整及其他工艺参数的调整。通常先进行粗纱牵伸调整，然后进行捻度调整，再进行速度、握持距、粗纱卷绕密度及其他工艺参数的调整。

⦿ 相关知识

正确设定粗纱的定量和总牵伸倍数，确保粗纱机按设计要求将熟条加工成具有一定线密度的粗纱，正确配置各牵伸齿轮的齿数。通过合理的工艺调整，尽可能提高粗纱产品的加工质量，向细纱工序提供优质的半制品，为最终提高成纱质量打好基础。

一、牵伸

1. 总牵伸倍数

粗纱机的总牵伸倍数主要根据细纱线密度、细纱机的牵伸倍数、熟条定量、粗纱机的牵伸效能决定。目前，新型细纱机的牵伸能力普遍提高，采用大牵伸，而粗纱趋于重定量，在细纱牵伸能力较高时，粗纱机可配置较低的牵伸倍数，充分发挥细纱机的牵伸能力，从而提高成纱质量。

目前，采用双胶圈牵伸装置的粗纱机，其牵伸倍数在 4~12，一般常用 5~10 倍，见表 2-5-2。粗纱机采用四罗拉（D 型）牵伸形式时，对"重定量、大牵伸"工艺有较明显的效果。

表 2-5-2　粗纱机总牵伸配置

牵伸形式	三罗拉双胶圈牵伸、四罗拉双胶圈牵伸		
纺纱特数	粗特纱	中特、细特纱	特细特纱
总牵伸倍数	5~8	6~9	7~12

2. 牵伸分配

粗纱机的牵伸分配主要由粗纱机的牵伸形式和总牵伸倍数决定，还要参照熟条定量、粗纱定量和所纺品种等因素，见表 2-5-3。

表 2-5-3　部分牵伸分配

部分牵伸	三罗拉双胶圈牵伸	四罗拉双胶圈牵伸
前区	主牵伸区	1.05
中区		主牵伸区
后区	1.15~1.4	1.2~1.4

粗纱机的前牵伸区采用双胶圈及弹性钳口，对纤维的运动控制良好，所以牵伸倍数主要由前牵伸区承担；后牵伸区是简单罗拉牵伸，控制纤维能力较差，牵伸倍数以偏小为宜，使结构紧密的纱条喂入前牵伸区，有利于改善条干。当喂入的熟条定量过重时，为防止须条在前牵伸区产生分层现象，后牵伸区可采用较大的牵伸倍数；四罗拉双胶圈牵伸较三罗拉双胶圈牵伸的后牵伸区牵伸倍数可略大一些。四罗拉双胶圈牵伸前部为整理区，由于该区不承担牵伸任务，所以只需 1.05 倍的张力牵伸，以保证纤维在整理区中的有序排列。

二、捻系数

粗纱捻系数主要根据所纺品种、纤维长度、线密度、粗纱定量、细纱后区工艺等因素而定，影响粗纱捻系数的因素见表 2-5-4。

细纱后区的工艺参数（后罗拉加压、后区隔距）与粗纱捻度的配置密切相关。配置得当，对于改善成纱质量有好处。针织用纱布面质量应重点防止产生阴影，成纱条干应减少细节，因此粗纱捻系数要偏大掌握，但以牵伸过程不出硬头为原则。粗纱捻系数与细纱后区工艺参数的相互影响见表 2-5-5。

表 2 - 5 - 4　影响粗纱捻系数的因素

类　　别	影响因素	粗纱捻系数	
		大	小
纤维特性	纤维长度	短	长
	纤维整齐度	低	高
	纤维线密度	粗	细
温湿度	温度	高	低
	粗纱回潮率	大	小
	季节	潮湿	干燥
粗纱工艺	粗纱定量	轻	重
	粗纱机锭速	高	低
	粗纱卷装容量	大卷装	小卷装
粗纱手感	粗纱松紧	松	紧
	粗纱强力	低	高
细纱工艺	细纱后加压重量	重	轻
	细纱后牵伸倍数	大	小
	细纱后隔距	大	小
产品质量	粗节和阴影	粗节少,阴影多	粗节多,阴影少
	强力	低	高
	重量不匀	低	高
产品种类	梳棉纱或精梳纱	梳棉纱	精梳纱
	针织用纱或起绒用纱	针织用纱	起绒用纱
	织布用纱	经纱	纬纱

表 2 - 5 - 5　粗纱捻系数与细纱后区工艺参数的相互影响

粗纱捻系数	对细纱后罗拉握持力要求	细纱后区牵伸力	细纱后牵伸力出现峰值时的细纱后牵伸倍数	喂入细纱机前牵伸区的粗纱须条结构	成纱质量		
					强力	重量不匀率	成纱条干
大	较大	较大	较大	较紧密	较高	较大	粗节多,细节少
小	较小	较小	较小	较松散	较低	较小	粗节少,细节多

　　粗纱捻系数由实践得出,表 2 - 5 - 6 为粗纱捻系数的参考值。

表 2 - 5 - 6　纯棉粗纱捻系数的参考值

粗纱线密度(tex)		200 ~ 325	325 ~ 400	400 ~ 770	770 ~ 1000
粗纱捻系数	粗梳	105 ~ 120	105 ~ 115	95 ~ 105	90 ~ 92
	精梳	90 ~ 100	85 ~ 95	80 ~ 90	75 ~ 85

三、锭速

锭速主要与纤维特性、粗纱定量、捻系数、粗纱卷装和粗纱机设备性能等因素有关。纺棉纤维的锭速相对较高,粗纱定量较大的锭速可低于定量较小的锭速,捻系数较大的粗纱采用较大锭速,卷装较小的锭速可高于卷装较大的锭速,见表2-5-7。

表2-5-7 纯棉粗纱锭速选用值

纺纱细度	粗特纱	中特、细特纱	超细特纱
锭速范围(r/min)	800~1000	900~1100	1000~1200

四、罗拉握持距

粗纱机的罗拉握持距主要根据纤维品质长度 L_P,并参照纤维的整齐度和牵伸区中牵伸力的大小综合考虑,以不使纤维断裂或须条牵伸不开为原则。

(1)主牵伸区握持距的大小对条干均匀度影响很大,一般等于胶圈架长度加自由区长度。

(2)胶圈架长度指胶圈工作状态下,胶圈夹持须条的长度,即上销前缘至小铁辊中心线间的距离,由所纺纤维品种而定,胶圈架长度有30mm和34mm两种。

(3)自由区长度指胶圈钳口到前罗拉钳口间的距离,在不碰集合器的前提下以偏小为宜。D型牵伸中,集合区移到了整理区,则自由区长度可较小些。

(4)后区为简单罗拉牵伸,故采用重加压、大隔距的工艺方法。由于有集合器,握持距可大些。熟条定量较轻或后区牵伸倍数较大时,因牵伸力小,握持距可小些。纤维整齐度差时,为缩短纤维浮游动程,握持距应小些,反之则大。

(5)握持距的大小应根据加压和牵伸倍数来选择,使牵伸力与握持力相适应。总牵伸倍数较大,加压较重时,罗拉握持距应适当小。整理区握持距可略大于或等于纤维的品质长度。不同牵伸形式罗拉握持距的参考值见表2-5-8。

表2-5-8 不同牵伸形式罗拉握持距的参考值

牵伸形式	罗拉握持距(mm)		
	前罗拉~二罗拉	二罗拉~三罗拉	三罗拉~四罗拉
三罗拉双胶圈牵伸	胶圈架长度+(14~20)	L_P+(16~20)	—
四罗拉双胶圈牵伸	35~40	胶圈架长度+(22~26)	L_P+(16~20)

五、粗纱卷绕密度

粗纱卷绕密度影响粗纱卷绕张力和粗纱容量。配置粗纱轴向卷绕密度,必须以纱圈排列整齐,粗纱圈层之间不嵌入、不重叠为原则。粗纱纱圈间距应等于卷绕粗纱的高度,粗纱纱层间距应等于卷绕粗纱的厚度,如下页图所示。

粗纱轴向卷绕密度为：

$$H = \frac{100}{\sum h/n} \approx 100/h_1$$

粗纱径向卷绕密度为：

$$R = \frac{100}{\sum \delta/n} \approx 100/\delta_1$$

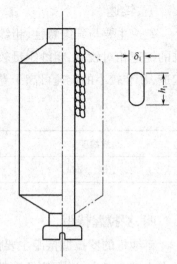

粗纱卷装截面示意图

式中：h_1——粗纱始绕高度，mm；

δ_1——粗纱始绕厚度，mm；

n——卷绕圈数；

h——每层粗纱的卷绕高度，mm

δ——每层粗纱的卷绕厚度，mm。

粗纱由于机型及卷绕条件的不同，h_1 和 δ_1 的比值也有差异。根据对多种粗纱机的调查，一般 $h_1 = 3 \sim 7\delta_1$，如果取中值 $h_1 = 5\delta_1$，则：

$$h_1 = \sqrt{\frac{W}{\gamma} \times \frac{5}{7.854}} = 0.798\sqrt{\frac{W}{\gamma}}$$

$$\delta_1 = 0.1596\sqrt{\frac{W}{\gamma}}$$

式中：γ——粗纱密度，g/cm³；

W——粗纱定量，g/10m。

则：

$$H = 125.3\sqrt{\frac{\gamma}{W}}$$

$$R = 626.6\sqrt{\frac{\gamma}{W}}$$

由此可见，决定粗纱卷绕密度的主要因素是粗纱定量和密度，而后者主要与纺纱原料有关。表 2 − 5 − 9 为纯棉粗纱卷绕密度的推荐值（$\gamma = 0.55$g/cm³）。

表 2 − 5 − 9　纯棉粗纱卷绕密度的推荐值

W(g/10m)	3.0	3.5	4.0	4.5	5.0	5.5	6.0	6.5	7.0	7.5	8.0
H(圈/10cm)	57.3	53.1	49.6	46.8	44.4	42.3	40.5	38.9	37.5	36.2	35.1
R(层/10cm)	268	248	232	219	208	198	190	182	176	170	164

根据粗纱定量 W 求得 H 和 R，在有锥轮粗纱机上，按其传动计算就可正确设定粗纱机升降、卷绕和成形变换齿轮的齿数；在无锥轮粗纱机上则可据此设定卷绕参数。

除了粗纱定量、纺纱纤维影响粗纱密度外，尚有卷绕张力、粗纱捻度等因素，如表 2 − 5 − 10 所示。

表 2 - 5 - 10　影响粗纱密度的相关因素

粗纱密度	粗纱定量	纤维密度	粗纱捻度	锭速	压掌压力	锭翼压掌绕圈数	纺纱张力
大	轻	大	大	高	大	多	大
小	重	小	小	低	小	少	小

六、罗拉加压

在满足握持力大于牵伸力的前提下,粗纱机的罗拉加压主要根据牵伸形式、罗拉速度、罗拉握持距、须条定量及胶辊的状况而定。罗拉速度慢、握持距大、定量轻、胶辊硬度低、弹性好时加压轻,反之则重。粗纱机罗拉加压量见表 2 - 5 - 11。

表 2 - 5 - 11　粗纱机罗拉加压量

牵　伸　形　式	罗拉加压(双锭)(N)			
	前罗拉	二罗拉	三罗拉	后罗拉
三罗拉双胶圈牵伸	200 ~ 250	100 ~ 150	—	150 ~ 200
四罗拉双胶圈牵伸	90 ~ 120	150 ~ 200	100 ~ 150	100 ~ 150

七、胶圈原始钳口隔距

胶圈原始钳口隔距是上、下销弹性钳口的最小距离,应依据粗纱定量选择不同规格的隔距块,见表 2 - 5 - 12。

表 2 - 5 - 12　胶圈原始钳口隔距与粗纱定量

粗纱干定量(g/10m)	2.0 ~ 4.0	4.0 ~ 5.0	5.0 ~ 6.0	6.0 ~ 8.0	8.0 ~ 10.0
胶圈原始钳口隔距(mm)	3.0 ~ 4.0	4.0 ~ 5.0	5.0 ~ 6.0	6.0 ~ 7.0	7.0 ~ 8.0

八、上销弹簧起始压力

上销弹簧起始压力是上销处于原始钳口位置时的片簧压力。上销弹簧起始压力以 7 ~ 10N 为宜。起始压力过大,形成死钳口,上销不能起弹性摆动的调节作用,起始压力过小,上销摆动频繁,甚至"张口",起不到弹性钳口的控制作用。

在弹簧压力适当的条件下,配以较小的原始钳口,对条干均匀有利。但应定期检查弹簧变形情况,如果各锭弹簧压力不一致,将造成锭与锭间的质量差异,如果钳口太小,有时会出硬头。

九、集合器

粗纱机上使用集合器主要是为了防止纤维扩散,它也提供了附加的摩擦力界。集合器的口径,前区应与输出定量相适应,后区应与喂入定量相适应。集合器规格见表 2 - 5 - 13、表 2 - 5 - 14。

表 2 - 5 - 13　前区集合器的规格

粗纱干定量(g/10m)	2.0~4.0	4.0~5.0	5.0~6.0	6.0~8.0	9.0~10.0
前区集合器口径(宽×高)(mm)	(5~6)×(3~4)	(6~7)×(3~4)	(7~8)×(4~5)	(8~9)×(4~5)	(9~10)×(4~5)

表 2 - 5 - 14　后区集合器、喂入集合器的规格

喂入干定量(g/5m)	14~16	15~19	18~21	20~23	22~25
后区集合器口径(宽×高)(mm)	5×3	6×3.5	7×4	8×4.5	9×5
喂入集合器口径(宽×高)(mm)	(5~7)×(4~5)	(6~8)×(4~5)	(7~9)×(5~6)	(8~10)×(5~6)	(9~10)×(5~6)

◉ 任务实施

根据表 2 - 5 - 1,对粗纱机相应的工艺参数进行调整。

◉ 考核评价

表 2 - 5 - 15　考核评分表

考核项目	分　值	得　分
粗纱牵伸调整	30(按照要求进行调整,少一项扣5分)	
捻度调整	20(按照要求进行调整,少一项扣5分)	
速度调整	10(按照要求进行调整,少一项扣5分)	
隔距调整	10(按照要求进行调整,少一项扣5分)	
卷绕密度调整	20(按照要求进行调整,少一项扣5分)	
其他工艺参数调整	10(按照要求进行调整,少一项扣5分)	
姓　名	班　级　　　　　　　　　学　号	总得分

实训练习

在实训工厂,按照任务单对粗纱设备的相关参数进行调整。

任务6　细纱工艺的调整

● 学习目标 ●

能根据工艺单进行细纱机工艺参数的调整。

◉ 任务引入

根据纺纱工艺的任务单,进行细纱设备的工艺调整,任务单见表 2 - 6 - 1。

表 2 - 6 - 1 细纱工艺的任务单

机型	细纱定量 (g/100m)		实际回潮率 (%)	公定回潮率(%)	总牵伸倍数		后区牵伸倍数	线密度 (tex)	计算捻度 (捻/10cm)	捻系数	捻缩率 (%)	捻向
	干重	湿重			机械	实际						
FA506	0.9032	0.96	6.3	8.5	39.33	38.53	1.37	9.8	112.16	351.12	2.26	Z

罗拉中心距(mm)		罗拉加压(N)	罗拉直径(mm)	钢领		钢丝圈型号	转速(r/min)	
前~中	中~后	前×中×后	前×中×后	型号	直径(mm)		前罗拉	锭子
43	54	140×100×140	25×25×25	PG1/2	38	2.6Elf 15/0	160.77	14165

前区集合器口径(mm)	钳口隔距(mm)	卷绕圈距(mm)	钢领板级升距(mm)	齿轮的齿数														
				Z_A	Z_B	Z_C	Z_D	Z_E	Z_F	Z_G	Z_H	Z_J	Z_K	Z_M	Z_N	Z_n	n
1.6	2.4	0.50	0.2557	45	75	80	80	36	52	70	40	48	85	69	28	43	1

任务分析

根据表 2 - 6 - 1,细纱工艺的调整分为细纱牵伸调整、捻度调整、速度调整、卷绕圈距调整、钢领板级升距调整、钢领与钢丝圈调整、中心距调整及其他工艺参数的调整。通常先进行细纱牵伸调整,然后进行捻度调整,再进行速度、卷绕圈距、钢领板级升距、钢领与钢丝圈、中心距及其他工艺参数的调整。

相关知识

目前,细纱机在向大牵伸方向发展,为了加大细纱机的牵伸倍数,可采用不同的牵伸机构,改善在牵伸过程中对须条的控制,合理确定牵伸工艺,获得理想的效果。细纱捻度直接影响成纱的强力、捻缩、伸长、光泽和毛羽、手感,而且捻度与细纱机的产量和用电等经济指标的关系很大,因此,必须全面考虑,合理选择捻系数。在加强机械保全保养工作的基础上,保证最大限度地提高车速,选择合适的钢领、钢丝圈、筒管直径和长度。加大细纱管纱卷装,可以有效地提高劳动生产率。确定管纱卷装时,应最大限度地增加卷绕密度,但必须使络筒时发生的脱圈现象减少到最低限度,否则会降低劳动生产率。

一、牵伸工艺调整

1. 总牵伸倍数

在保证和提高产品质量的前提下,提高细纱机的牵伸倍数,可获得较好的经济效益。目前大牵伸细纱机的牵伸倍数一般在 30 ~ 60。

总牵伸倍数的能力首先决定于细纱机的机械工艺性能,但总牵伸倍数也因其他因素而变化。当所纺棉纱线密度较大时,总牵伸能力较低;当所纺棉纱线密度较小时,总牵伸能力较高。纺精梳棉纱时,由于粗纱均匀、结构较好、纤维伸直度好、所含短绒率较低,牵伸倍数一般可高于同线密度非精梳棉纱。纱织物和线织物用纱的牵伸倍数也可有所不同,因为单纱并线加捻后,可弥补条干和单强方面的缺陷,但也必须根据产品质量要求而定。细纱机总牵伸倍数的参考值见表2-6-2,纺纱条件对总牵伸倍数的影响见表2-6-3。

表2-6-2　细纱机总牵伸倍数的参考值

线密度(tex)	<9	9~19	20~30	>32
双短胶圈牵伸倍数	30~50	22~40	15~30	10~20
长短胶圈牵伸倍数	30~60	22~45	15~35	12~25

注　纺精梳纱,牵伸倍数可偏上限选用;固定钳口式牵伸的牵伸倍数偏下限选用。

表2-6-3　纺纱条件对总牵伸倍数的影响

总牵伸	纤维及其性质				粗纱性能			细纱工艺与机械			
	长度	线密度	长度均匀度	短绒	纤维伸直度、分离度	条干均匀度	捻系数	线密度	罗拉加压	前区控制能力	机械状态
可偏高	较长	较细	较好	较少	较好	较好	较高	较细	较重	较强	良好
可偏低	较短	较粗	较差	较多	较差	较差	较低	较粗	较轻	较弱	较差

　　总牵伸倍数过高,产品质量将恶化,反映在棉纱上是条干不匀率和单强不匀率高,其细纱机的断头率也增高。但总牵伸倍数过小,对产品质量未必有利,它会增加前纺的负担,造成经济上的损失。

2.后牵伸区工艺

　　细纱机的后区牵伸与前区牵伸有着密切的关系。大牵伸细纱机提高前区牵伸倍数的主要目的是合理布置胶圈工作区的摩擦力界,使其有效地控制纤维运动,提高条干均匀度。但是,只有前区的摩擦力界布置,而没有喂入纱条的结构均匀,纤维间没有足够的紧密度,也难以发挥前区胶圈牵伸的作用。因为喂入纱条结构不匀、纤维松散,通过前区时,纱条可能发生局部分裂,纤维运动不规则,难以纺成均匀的细纱。因此,后区牵伸的主要作用是为前区做准备,以充分发挥胶圈控制纤维运动的作用,达到既能提高前区牵伸,又能保证成纱质量的目的。

　　提高细纱机的牵伸倍数,可选择两类工艺路线。一是保持后区较小的牵伸倍数,主要提高前区牵伸倍数;二是增大后区牵伸倍数。后牵伸区工艺参数见表2-6-4。

表2-6-4　后牵伸区工艺参数

工艺类型	机织纱工艺	针织纱工艺
后牵伸倍数	1.20~1.40	1.04~1.30
粗纱捻系数(线密度制)	90~105	105~120

　　理论与实践都证明,在牵伸区中利用粗纱捻回产生附加摩擦力界控制纤维运动是有效的,对提高成纱均匀度是有利的。实践经验得出,在后罗拉加压足够的条件下,为了充分利用粗纱捻回控制纤维运动,宜适当增加粗纱捻系数 α_1。适当利用粗纱捻回对牵伸工艺是有利的。

二、捻系数

选择捻系数时,须根据成品对细纱品质的要求,综合考虑、全面平衡。用途不同,细纱的捻系数也应有所不同,影响捻系数的因素见表2-6-5,常用细纱品种捻系数参考值见表2-6-6。

表2-6-5　影响捻系数的因素

细纱捻系数	原料性能			细纱线密度	细纱类别			细纱品质			细纱产量	细纱机用电
	长度	线密度	强力					强力	弹性	手感		
略大	短	大	小	小	普梳	经纱	汗布纱	高	好	清爽	低	高
略小	长	小	大	大	精梳	纬纱	棉毛纱	低	差	柔软	高	低

表2-6-6　常用细纱品种捻系数参考值

棉纱品种	线密度(tex)	经纱捻系数	纬纱捻系数
普梳织布用纱	8.4~11.16	340~400	310~360
	11.7~30.7	300~390	300~350
	32.4~194	320~380	290~340
精梳织布用纱	4.0~5.3	340~400	310~360
	5.3~16	330~390	300~350
	16.2~36.4	320~380	290~340
普梳针织、起绒用纱	10~9.7	不大于330	
	32.8~83.3	不大于310	
	98~197	不大于310	
精梳针织、起绒用纱	13.7~36	不大于310	

为了保证不同线密度成纱所应有的品质,满足最后产品的需要,成纱捻系数已有国家标准。在实际生产中,适当提高细纱捻系数,可减少断头,但是细纱捻系数过高,会影响其产量。因此,在保证产品质量和正常生产的前提下,细纱捻系数偏小为宜。

加捻会引起捻缩,加捻量不同,捻缩率就不同,在一定范围内,加大捻系数,捻缩率也会相应加大。

$$捻缩率 = \frac{前罗拉输出须条长度 - 加捻成纱长度}{前罗拉输出须条长度} \times 100\%$$

影响捻缩率的因素很多,主要有捻系数、纺纱线密度、纤维性质。捻缩率与捻系数的关系见表2-6-7。

表2-6-7　捻缩率与捻系数的关系

捻系数	285	295	304	309	314	323	333	342	352	357	361	371
捻缩率(%)	1.84	1.87	1.90	1.92	1.94	2.00	2.08	2.16	2.26	2.31	2.37	2.49
捻系数	380	390	399	404	409	418	428	437	447	451	450	466
捻缩率(%)	2.61	2.74	2.90	2.98	3.08	3.17	3.54	3.96	4.55	4.90	5.04	6.70

三、锭速

锭子是加捻机构中的重要机件之一。随着细纱机单位产量的提高,锭速一般在 14000 ~ 17000r/min,国外最高锭速在 30000r/min 左右,这就要求锭子振动小、运转平稳、功率小、磨损小、结构简单。

细纱机的锭速与纺纱线密度、纤维特性、钢领直径、钢领板升降动程、捻系数等因素有关。纺不同线密度纱的锭速参考值见表 2 – 6 – 8。

表 2 – 6 – 8　纺不同线密度纱的锭速参考值

纺纱细度	粗 特 纱	中 特 纱	细特纱、超细特纱
锭速(r/min)	10000 ~ 14000	14000 ~ 16000	14300 ~ 16500

四、卷绕圈距

卷绕圈距 Δ 如右图所示。

Δ 是指卷绕层的圈距,其大小与绕纱密度及退绕时的脱圈有关,一般 Δ 为细纱直径 d 的 4 倍。根据捻度和捻系数关系式:

$$T_{tex} = \frac{\alpha_t}{\sqrt{Tt}}$$

式中:T_{tex}——细纱捻度;

　　　α_t——细纱捻系数;

　　　Tt——细纱线密度。

纱条单位体积质量为 $0.8g/cm^3$ 时,细纱直径为:

$$d \approx 0.04 \sqrt{Tt}$$

于是有

$$\Delta = 0.16 \sqrt{Tt}$$

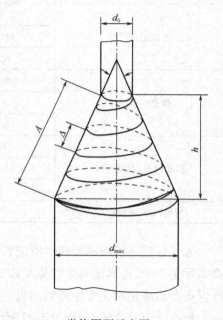

卷绕圈距示意图

五、钢领板级升距

钢领板每升降一次,级升轮 Zn(也称成形轮或撑头牙)间歇地被撑过几齿,钢领板卷绕链轮也间歇地卷取链条,使钢领板产生一次级升距 m_2。

$$m_2 = \frac{\sqrt{Tt}}{120\rho\sin(\gamma/2)}$$

式中:ρ——管纱绕纱密度,在一般卷绕张力条件下为 $0.55g/cm^3$;

　　　$\gamma/2$——成形半锥角。

有关卷绕的其他参数见表 2 – 6 – 9。

表 2 − 6 − 9　细纱机卷绕部分的参数

钢领直径 D (mm)	45	42	38	35	32
管纱直径 d_m (mm)	42	39	35	32	29
筒管直径 d_0 (mm)	18	18	18	18	13
成形半锥角 $\gamma/2$ (°)	14.62	12.86	10.47	8.65	9.87
钢领板动程 h (mm)	46	46	46	46	46

六、钢领与钢丝圈

1. 平面钢领与钢丝圈型号的选配

如果钢丝圈重心位置高,则纱线通道通畅、钢丝圈拎头轻,但因磨损位置低,易飞钢丝圈,并且可能碰钢领外壁而引起纺纱张力突变。

如果钢丝圈重心位置低,则其运转稳定,但纱线通道小而拎头重。不同型号钢领和钢丝圈的配套与适纺纱线密度的关系见表 2 − 6 − 10。

表 2 − 6 − 10　平面钢领与钢丝圈的选配

钢领		钢丝圈		适纺品种及线密度(tex)
型　号	边宽(mm)	型　号	线速度(m/s)	
PG1/2	2.6	CO	36	18 ~ 31 棉纱
		OSS	36	5.8 ~ 19.4 棉纱
		RSS、BR	38	9.7 ~ 19.4 棉纱
		W261、WSS、7196、7506	38	9.7 ~ 19.4 棉纱
		2.6Elf	40	15 以下棉纱
PG1	3.2	6802	37	19.4 ~ 48.6 棉纱
		6903、7201、9803	38	11 ~ 30 棉纱
		FO	36	18.2 ~ 41.6 棉纱
		BFO	37	13 ~ 29 棉纱
		FU、W321	38	13 ~ 29 棉纱
		BU	38	13 ~ 29 棉纱
		3.2Elgc	42	13 ~ 29 棉纱
PG2	4.0	G、O、GO、W401	32	32 以上棉纱
NY—4521		52	40 ~ 44	13 ~ 29 棉纱

2. 锥面钢领与钢丝圈型号的选配

锥面钢领与钢丝圈的选配见表 2 − 6 − 11。

表 2 - 6 - 11　锥面钢领与钢丝圈的选配

钢　领		钢　丝　圈		适纺品种及线密度(tex)
型　号	边宽(mm)	型　号	线速度(m/s)	
ZM - 6	2.6	ZB	38 ~ 40	21 ~ 30 棉纱
		ZB - 8	40 ~ 44	14 ~ 18 棉纱
ZM - 20	2.6	ZBZ	40 ~ 44	28 ~ 39 棉纱

3. 钢丝圈号数的选择

纺纱时,钢丝圈号数应根据细纱线密度、钢领直径、导纱钩至锭子端的距离、管纱长度、成纱强力、锭子速度、钢领状态、钢领和钢丝圈的接触状态、气候干湿等条件进行选择。

(1)成纱线密度愈小,所用钢丝圈愈轻。

(2)钢领直径大,锭子速度快,钢丝圈宜稍轻。

(3)新钢领较毛,摩擦力大,钢丝圈宜减轻2 ~ 5 号。

(4)锥边钢领和钢丝圈是两点接触,钢丝圈宜减轻1 ~ 2 号。

(5)成纱强力高,管纱长,导纱钩至锭子端的距离大,钢丝圈可加重。

(6)气候干燥,湿度低,钢丝圈和钢领的摩擦因数小,钢丝圈宜稍重。

总之,除了纺制富有弹性的棉纱外,只要在细纱可以承受的张力范围内,一般选用稍重的钢丝圈,以保持气圈的稳定性,且对减少小纱断头有显著效果。但钢丝圈过重,反而会增加断头。大纱时的气圈张力可以通过调节导纱钩动程来解决。纯棉纱钢丝圈号数选用值见表 2 - 6 - 12。

表 2 - 6 - 12　纯棉纱钢丝圈号数选用值

钢领型号	线密度(tex)	钢丝圈号数	钢领型号	线密度(tex)	钢丝圈号数
	7.5	16/0 ~ 18/0		21	6/0 ~ 9/0
	10	12/0 ~ 15/0		24	4/0 ~ 7/0
	14	9/0 ~ 12/0	PG1	25	3/0 ~ 6/0
PG1/2	15	8/0 ~ 11/0		28	2/0 ~ 5/0
	16	6/0 ~ 10/0		29	1/0 ~ 4/0
	18	5/0 ~ 7/0		32	2 ~ 2/0
	19	4/0 ~ 6/0		36	2 ~ 4
	16	10/0 ~ 14/0	PG2	48	4 ~ 8
PG1	18	8/0 ~ 11/0		58	6 ~ 10
	19	7/0 ~ 10/0		96	16 ~ 20

4. 钢丝圈轻重的掌握

钢丝圈轻重的掌握见表2 - 6 - 13。

表 2 – 6 – 13　钢丝圈轻重的掌握

纺纱条件变化因素	钢领走熟	钢领衰退	钢领直径减小	升降动程增大	单纱强力增高
钢丝圈重量	加重	加重	加重	加重	可偏重

七、罗拉中心距

1. 前区罗拉中心距

前牵伸区是细纱机的主要牵伸区,在此区内,为适应高倍牵伸的需要,应尽量改善对各类纤维运动的控制,并使牵伸过程中的牵引力和纤维运动摩擦阻力配置得当。

在前区牵伸装置中,上、下胶圈间形成曲线牵伸通道,收小该钳口隔距,并采用重加压和缩短胶圈钳口至前罗拉钳口之间的距离,可大大改善在牵伸过程中对各类纤维运动的控制,从而具有较高的牵伸能力。

一般来说,双胶圈牵伸装置细纱机的前区罗拉隔距不必随纤维长度、纺纱线密度等的变化而调节。因此,在不少型号的细纱机上,前区罗拉隔距是固定的,是不可调节的,但这并不是说所有固定的前区罗拉隔距都是合理的。前区罗拉隔距应根据胶圈架长度(包括销子最前端在内)和胶圈钳口至前罗拉钳口之间的距离来决定,由于罗拉隔距与罗拉中心距是正相关的,因此,通常用前罗拉中心距来表示前罗拉隔距的大小,即前区罗拉中心距为胶圈架长度(包括销子最前端在内)与胶圈钳口至前罗拉钳口之间的距离之和。

胶圈架长度通常根据原棉长度来选择,以不小于纤维长度为适合。胶圈钳口至前罗拉钳口之间的距离,随销子和胶圈架的结构、前区集合器的形式以及前罗拉和胶辊直径等参数而异。缩小此处距离有利于控制游离纤维的运动,有利于改善棉纱条干均匀度。胶圈钳口至前罗拉钳口之间的距离,又称浮游区长度,应当设法缩小。不同胶圈前牵伸区罗拉中心距与浮游区长度的关系见表 2 – 6 – 14。

表 2 – 6 – 14　前牵伸区罗拉中心距与浮游区长度的关系　　　　　　单位:mm

牵伸形式	纤维及长度	上销(胶圈架)长度	前区罗拉中心距	浮游区长度
双短胶圈	棉,31 以下	25	36 ~ 39	11 ~ 14
	棉,31 以上	29	40 ~ 43	11 ~ 14
长短胶圈	棉	33	43 ~ 47	11 ~ 14

2. 后区罗拉中心距

后区为简单罗拉牵伸,故采用重加压、大隔距的工艺方法。由于有集合器,中心距可大些。粗纱定量较轻或后区牵伸倍数较大时,因牵伸力小,中心距可小些;纤维整齐度差时,为缩短纤维浮游动程,中心距应小些,反之应大。

应根据加压和牵伸倍数来选择中心距,使牵伸力与握持力相适应。后牵伸区罗拉中心距的参考值见表 2 – 6 – 15。

表2-6-15　后牵伸区罗拉中心距的参考值

工 艺 类 型	机织纱工艺	针织纱工艺
后区牵伸倍数	1.20~1.40	1.04~1.30
后区罗拉中心距(mm)	44~56	48~60

八、胶圈钳口隔距

弹性钳口的原始隔距应根据纺纱线密度、胶圈厚度和弹性上销弹簧的压力、纤维长度及其摩擦性能以及其他有关工艺参数确定。固定钳口在胶圈材料和销子形式决定以后,销子开口就成了调整胶圈钳口部分摩擦力界强度的工艺参数。纺不同线密度的纱,销子开口不同,线密度小,开口小;纺同线密度细纱时,因各厂所用纤维长度、喂入定量、胶圈厚薄和性能、罗拉加压等条件的不同,销子开口稍有差异,见表2-6-16和表2-6-17。

表2-6-16　胶圈钳口隔距参考值　　　　　　　　　　　　　　单位:mm

线密度(tex)	双短胶圈固定钳口		长短胶圈弹性钳口	
	机织纱工艺	针织纱工艺	机织纱工艺	针织纱工艺
9以下	2.5~3.5	3.0~4.0	2.0~2.6	2.0~3.0
9~19	3.0~4.0	3.2~4.2	2.3~3.2	2.5~3.5
20~30	3.5~4.4	4.0~4.6	2.8~3.8	3.0~4.0
32以上	4.0~5.2	4.4~5.5	3.2~4.2	3.5~4.5

注　条件许可时,采用较小的上下销钳口隔距,有利于改善成纱质量。

表2-6-17　纺纱条件对胶圈钳口隔距的影响

钳口隔距	纤维性质	粗纱定量	细 纱 工 艺					
			捻系数	线密度	后牵伸倍数	胶圈钳口形式	罗拉加压	胶圈厚度
宜偏大	细、长	较重	较大	较粗	较小	固定钳口	较轻	较厚
宜偏小	粗、短	较轻	较小	较细	较大	弹性钳口	较重	较薄

九、罗拉加压

为使牵伸顺利进行,罗拉钳口必须具有足够的握持力,以克服牵伸力。如果钳口握持力小于牵伸力,则须条在罗拉钳口下就会打滑,轻则造成产品不匀,重则须条不能被牵伸拉细。罗拉钳口握持力的大小主要取决于罗拉加压、钳口与须条间的动摩擦因数以及被握持须条的粗细和几何形态。

加重胶辊压力,胶辊对纱条的实际压力相应增大,钳口握持力随之增加。但胶辊上加压又不能过重,否则会引起胶辊严重变形、罗拉弯曲、扭振,从而造成规律性条干不匀,甚至引起牵伸部分传动齿轮爆裂等现象。当提高牵伸倍数时,由于喂入纱条粗,摩擦力界相应加强,应增大加压。罗拉加压参考值见表2-6-18。

表2-6-18　罗拉加压参考值

牵伸形式	前罗拉加压(双锭)(N)	中罗拉加压(双锭)(N)	后罗拉加压(双锭)(N)	
			机织纱工艺	针织纱工艺
双短胶圈牵伸	100~150	60~80	80~140	100~140
长短胶圈牵伸	100~150	80~100	80~140	100~140

十、前区集合器

使用集合器,主要是为了防止纤维扩散,它也提供了附加的摩擦力界。前区集合器口径的大小与输出定量相适应。前区集合器开口尺寸可参考表2-6-19。

表2-6-19　前区集合器开口尺寸

纺纱线密度(tex)	9以下	9~19	20~31	32以上
前区集合器开口(mm)	1.0~1.5	1.5~2.0	2.0~2.5	2.5~3.0

任务实施

根据表2-6-1,对细纱机相应的工艺参数进行调整。

考核评价

表2-6-20　考核评分表

项　目	分　　值	得　分
细纱牵伸调整	20(按照要求进行调整,少一项扣5分)	
捻度调整	20(按照要求进行调整,少一项扣5分)	
速度调整	10(按照要求进行调整,少一项扣5分)	
卷绕圈距调整	10(按照要求进行调整,少一项扣5分)	
钢领板级升距调整	10(按照要求进行调整,少一项扣5分)	
钢领钢丝圈选取	10(按照要求进行调整,少一项扣5分)	
隔距调整	10(按照要求进行调整,少一项扣5分)	
其他工艺参数调整	10(按照要求进行调整,少一项扣5分)	

姓　名		班　级		学　号		总得分	

思考与练习

在实训工厂,按照任务单对细纱设备的相关参数进行调整。

任务7 络筒工艺的调整

● 学习目标 ●

能根据工艺单进行络筒机工艺参数的调整。

任务引入

根据纺纱工艺的任务单,进行络筒设备的工艺调整,任务单见表2-7-1。

表2-7-1 络筒工艺的任务单

机 型	槽筒速度（m/min）	张力（cN）	卷绕长度（m）	电子清纱器				
				形式	棉结	短粗节	长粗节	长细节
奥托康纳338	900	23	204000	USTER	+250%	+160%×3cm	+35%×30cm	-30%×20cm

任务分析

根据表2-7-1,络筒工艺主要进行速度、张力、卷绕长度及清纱设定值的调整。

相关知识

调整络筒工艺时,应合理设置张力,防止过大的张力损伤纱条质量;尽可能去除杂质(尤其是大杂);合理选择络筒速度,尽可能减少对纱条的摩擦,减少条干和毛羽质量恶化。

一、络筒速度

络筒速度直接影响络筒机的产量。在其他条件相同时,络筒速度太高,时间效率一般要下降,使得络筒机的实际产量反而不高。

络筒机卷绕线速度主要取决于以下因素:

(1)纱线粗细:纱线较粗时,卷绕速度较快;纱线较细时,卷绕速度则降低。

(2)纱线强力:纱线强力较低或纱线条干不匀时,络筒速度要低些。

(3)纱线原料:卷绕线速度与纱线原料有关,加工原棉时速度可以快些。

(4)管纱卷装的成形特征:卷绕密度高及成形锥度大的管纱,络筒速度应低些;卷绕密度较低及卷绕螺距较大的管纱,则可提高络筒速度。

(5)纱线的喂入形式:对绞纱、筒纱(筒倒筒)和管纱三种喂入形式,络筒速度相应由低到高。

（6）络筒机的机型：自动络筒机材质好，调整合理，制造精度高，它所适应的络筒速度一般在 1000m/min 以上，1332MD 型络筒机所能达到的络筒速度一般只有 600m/min。

二、络筒张力

纱线张力与络筒机张力装置对纱线所施加的压力有关，而该压力主要取决于纱线粗细、卷绕速度、纱线强力、纱线原料，见表 2 – 7 – 2。

表 2 – 7 – 2　有关参数与络筒张力的关系

参　数	线密度		卷绕速度		纱线强力		纱线原料		导纱距离	
	粗	细	高	低	高	低	原棉	化纤	长	短
络筒张力	较大	较小	较小	较大	较大	较小	较大	较小	较小	较大

络筒张力一般根据卷绕密度进行调节，并应保持筒子成形良好，络筒张力通常为单纱强力的 8% ~ 12%。

三、清纱设定值

采用电子清纱装置时，可根据后道工序和织物外观质量的要求，将各类纱疵的形态按截面变化率和纱疵所占的长度进行分类，清纱限度是通过数字拨盘设定的，具体方法与电子清纱装置的型号有关。

纱疵样照一般采用瑞士蔡尔韦格—乌斯特（Zellweger Uster）纱疵分级样照。该公司生产的克拉斯玛脱（Classimat）Ⅱ型（简称 CMT – Ⅱ）纱疵样照把各类纱疵分成 23 级，如左图所示。

样照中，将短粗节纱疵，疵长在 0.1 ~ 1cm 的称 A 类，在 1 ~ 2cm 的称 B 类，在 2 ~ 4cm 的称 C 类，在 4 ~ 8cm 的称 D 类；纱疵横截面增量在 +100% ~ +150% 的为第 1 类，在 +150% ~ +250% 为第 2 类，在 +250% ~ +400% 为第 3 类，在 +400% 以上的为第 4 类。这样，短粗节总共分成 16 级（A_1、A_2、A_3、A_4、B_1、B_2、B_3、B_4、C_1、C_2、C_3、C_4、D_1、D_2、D_3 和 D_4）。样照将长粗节分成 3 级。纱疵横截面增量在 +100% 以上，疵长大于 8cm 的称双纱，归入 E 级；纱疵横截面增量在 +45% ~ +100%，疵长在 8 ~ 32cm 的称长粗节，归入 F 级；纱疵横截面增量在 +45% ~ +100%，疵长大于 32cm 的也称长粗节，归入 G 类。长细节分成 4 级。纱疵横截面的减量在 –30% ~ –45%，疵长在 8 ~ 32cm 的定为 H_1 级；减量与 H_1 相同而疵长大于 32cm 的定为 I_1 级；

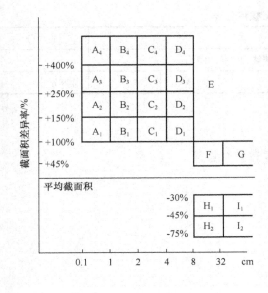

CMT – Ⅱ纱疵分级图

纱疵横截面减量在 $-45\%\sim-75\%$,疵长在 $8\sim32cm$ 的定为 H_2 级;减量与 H_2 相同而疵长大于 $32cm$ 的定为 I_2 级。

四、筒子卷绕密度

筒子卷绕密度应根据筒子的后道用途、所络筒纱的种类加以确定。染色用筒子的卷绕密度较小,在 $0.35g/cm^3$ 左右,其他用途筒子的卷绕密度较大,在 $0.42g/cm^3$ 左右。适宜的卷绕密度,有利于筒子成形良好,且不损伤纱线的弹性。

络筒张力与筒子卷绕密度有直接的关系,张力越大,筒子卷绕密度越大,因此实际生产中,通过调整络筒张力来改变卷绕密度。

五、卷绕长度

有些情形下,要求筒子上卷绕的纱线达到规定的长度。例如在整经工序中,集体换筒的机型要求筒纱长度与整经长度相匹配,这个筒纱长度可通过工艺计算得到。在络筒机上,则要根据工艺规定绕纱长度进行定长。

自动络筒机上采用电子定长装置,定长值的设定极为简便,且定长精度较高。在实际生产中,随纱的线密度、筒子锥角与防叠参数的不同,实际长度与设定长度不会完全相同,需根据实际情况确定一个修正系数,经修正后的络筒长度与设定长度的差异较小,一般不超过2%。

◎ 任务实施

根据表 $2-7-1$,对络筒机相应的工艺参数进行调整。

◎ 考核评价

表 $2-7-3$ 考核评分表

项 目	分　　　值		得 分	
络筒工艺调整	100(按照要求进行调整,少一项扣5分)			
姓　名	班　级	学　号	总得分	

实训练习

在实训工厂,按照任务单对络筒设备的相关参数进行调整。

模块三　纺纱设备的操作

任务 1　开清棉设备的操作

●学习目标●

1. 能进行开清棉设备的操作；
2. 能对开清棉生产过程进行质量把关。

◉ 任务引入

纱线生产需要纺纱各工序设备的配合才能完成,开清棉是纺纱的第一道工序,其操作是否规范,直接影响到纺纱的正常进行。

◉ 任务分析

开清棉设备由多台单机组成,开清棉设备操作其实包括各单机的操作,及与之相连的前方机台的操作,因此,必须对开清棉的操作进行规范。

◉ 任务实施

一、原棉进入开清工序的准备工作

1. 进入分级室的棉包必须对号入座。

2. 分级室内必须保持整洁。

3. 排完包后,抓棉工序地面、两个分级室地面必须保持干净。

4. 排包必须准时进行,两槽棉花的存放时间不能相差 4h。必须按排包图排包,禁止排(拉)错。

5. 注意事项:

(1)排包时,按要求做到排齐,平整,清洁脏包。

(2)开清车间打包机四周的物件摆放整齐。

(3)分级室打包机周围物件,如铁线、纸皮、布块等进行分类摆放。

(4)拉包时,开清工序门口的门帘禁止卷起。

（5）分级室内,车辆等物件按指定地点摆放整齐。

（6）消防栓1m内禁止摆放杂物。

（7）未用的棉包只能放在分级室,禁止提前进入车间。

二、交接班工作

交接班是生产员工的第一项工作,要做好此项工作,交接双方必须提前15min对岗交接。交班者以主动交清为主,接班者以检查为主,做到相互合作又分清责任。交接内容见表3-1-1。

表3-1-1 开清棉交接班工作内容

内 容	重 点	要 求
1.整理整顿	1.机台和地面	按清洁进度表进行
	2.机内破籽清除	
2.生产情况	1.前后供应情况	平衡,不空仓
	2.配棉及回花使用	按排包图要求
3.设备情况	1.平揩车	填停台时间
	2.坏机	原因清楚
4.清洁工具	1.纱扫、棕扫、长竹签	定位、齐全、整洁
	2.破籽车	

三、设备操作

1.开机前准备工作

（1）检查棉包面是否有工具杂物。

（2）检查机台内外是否有人工作。

（3）检查防护装置是否有问题。

（4）通知梳棉挡车工开动梳棉锡林。

（5）通知空调人员开空调。

（6）通知电工开吸尘风机。

2.开机操作要点及注意事项

（1）开机顺序

尘室吸落杂风机→急停开关→清钢联吸落杂风机→梳棉机吸尘风机→急停开关→开清各机总电源开关→梳棉棉箱吸尘风机→输棉风机→LVS凝棉器→RV梳针打手开棉机→BEB棉箱打手→LVS凝棉器→梳棉棉箱吸尘风机→输棉风机→LVS凝棉器→RV梳针打手开棉机→BEB棉箱打手→LVS凝棉器→MPM8仓风机→RN豪猪打手开棉机→BEB棉箱打手→LVS凝棉器→AFC双流开棉机→GBRA预混棉机打手→GBRA预混棉箱和LVS凝棉器→BDT抓棉机电源开关→BDT计算机开关

（2）将 MPM8 仓混棉机开关打到"AUTO"位置,通知梳棉工序开机,并进行。

BDT019 型抓棉机开机操作：

①开总电源开关。

②按开车键亮→按下三个电眼按钮→开锁→按起三个电眼按钮→开锁灯亮。

完成以上两点,抓棉机开始运转。

（3）抓棉机的抓取深度

按 R11R 或 R12R

（4）变抓取深度

按 R12R 后输入所需的数字

（5）转区操作

①由 1 区转 2 区:按 1RR2RR 或 1ROR2ROR。

②由 2 区转 1 区:按 1RR1RR 或 1ROR1R0R。

注意事项：

①检查各机观察窗内纤维的运行情况,遇有不正常现象要及时查原因。

②开机一定要按从后到前顺序操作,否则会发生塞花现象。

（6）棉花喂入八仓操作

① 将 MPM8 仓开关打到"LOAD"位置。

②纤维喂入八仓从第一仓入起。

③纤维喂入八仓按每仓入 1/3,循环转仓。

注意事项:纤维入八仓时不能注满一个仓才到另一个仓,要循环入仓,防止成纱色差。

（7）值机过程要点

①交接班要认真检查各机尘格是否堵塞,各通道是否挂花。

②随时检查各机台的工艺参数是否相符。

③机器有异响、异味或轧煞要立即停机检查并报告。

④随时保持 BDT 抓棉机轴头、电眼、小轨道的清洁。

⑤机台发生火警时要按"空调急停开关"。

⑥跟机拣杂要离抓棉机 1 m 以外。

⑦不能坐在或趴在棉包、抓棉轨道上。

⑧排完包后拣净包面、包边的杂质、三丝,做好平包及抓巡回工作。

⑨禁止站在抓棉机打手下面或在打手下面通行。

⑩棉包抓到底包时,应翻包拣杂,按要求拾底包花。

⑪处理抓棉机打手塞花时,除手外,身体的其他部位禁止置于打手下面。

⑫抓棉机轴头缠花、挂花必须待机停稳后用竹签清。

3. 停机要点及注意事项

（1）停机要点

①停开清各机总电源开关。

②停梳棉机吸尘风机。

③停清钢联吸落杂风机。

④停尘室吸落杂风机。

⑤BDT 抓棉机计算机开关关机。

⑥通知空调人员停空调。

⑦机台转动部件停稳后再做有关清洁。

⑧停机 2h 以上需关总电源。

（2）注意事项

①非紧急情况不按开清各机"急停按钮"。

②抓棉机停机要将打手降至 1m 以下，并停靠在近操作台面一边。

四、全面操作

1. 巡回工作

巡回工作应及时发现问题，预防事故发生，有效地提高产品质量及生产效率，使生产顺利进行。

2. 巡回路线及要求

（1）测定一套机台。

（2）巡回路线为"凹"字形加"O"字形。

（3）单位巡回时间为 10～20min。

（4）结合清洁进度表工作。

（5）巡回过程中眼看耳听机器的运转情况。

3. 平包工作

（1）排包工排完包后把地面扫干净。

（2）挡车工拾取棉包表面"三丝"，平包要求高包削平填缝，低包抖松整平，确保混棉均匀。

（3）拣棉工拣清棉槽表面"三丝"。

（4）挡车工对棉包之间的缝隙进行填缝。

五、质量守关

1. 把好质量关

开清棉质量把关工作的内容见表 3－1－2。

表 3－1－2　开清棉质量把关工作的内容

内　　容	注意重点
1. 检查清钢联整体流程的供应情况	供应平衡，无异常
2. 检查八仓喂给情况	喂给平衡
3. 查找棉花中的异物	无木块、铁线、麻绳、包布

内　容	注意重点
4. 检查棉花黄白情况	无特黄棉花
5. 检查棉包批号是否正确	与排包图相符
6. 检查棉包表面是否铺平	棉包表面平整,便于抓取均匀
7. 对"三丝"多的棉花进行翻拣	无"三丝"

2. 开清棉清洁进度

开清棉的清洁进度及标准见表 3－1－3。

表 3－1－3　开清棉清洁进度及标准

工 艺 项 目	时 间	工 具	标 准
BDT 抓棉机小车轨道 1 号化纤抓棉机	排包后及时做,随时做	毛扫 扫把	无积花
各机门窗内部、打手、漏底、尘格、驱动电动机(交班前停机清洁)	早班:1~4 号、8 号、9 号 中班:1~4 号 夜班:1~4 号、6 号、7 号	气吹	无积花 无挂花
2 号 GBRA 预混棉机加长帘下面	交班前 1h 停机做	毛扫	无棉籽,无废花
各机输棉管、8 仓、4 仓的混棉机顶部	逢夜班星期一、星期四清洁	气吹	无灰尘,干净
MPM8 仓混棉机顶部活动风门	夜班交班前清洁	毛扫	通道无塞花、挂花
机身外罩	逢单数的正点清洁	毛扫,手	保持机身光洁
各机输棉通道的磁铁箱			无挂花,无杂物
地 面	随时做	扫把	保持干净
地脚花、回花	交班前清洁	回花袋	不能留给下一班

注　1. 塞花造成的罗卜丝用回花袋装好并做明显标记。

　　2. 6 号、7 号、8 号、9 号逢单号清洁,且要求与梳棉同时清洁。

◉ 考核评价

表 3－1－4　考核评分表

项　目	分　值	得　分
交接班	20(按照要求进行交接班,少一项扣 2 分)	
设备操作	30(按照要求进行操作,少一项扣 3 分)	
巡回	20(按照要求进行巡回,少一项扣 3 分)	
质量把关	30(按照要求进行质量把关,少一项扣 3 分)	

姓 名		班 级		学 号		总得分	

实训练习

在实训纺纱工厂进行开清棉联合机的操作。

任务2　梳棉设备的操作

● 学习目标 ●

1. 能进行梳棉设备的操作;
2. 能对梳棉机的生产过程进行质量把关。

任务引入

纱线生产需要纺纱各工序设备的配合才能完成,梳棉是纺纱的第二道工序,其操作是否规范,直接影响纺纱原料的分梳效果及梳棉条的质量。

任务分析

梳棉设备一种是与开清棉设备采用管道连接,为清梳联;一种是梳棉设备喂入棉卷。规范梳棉设备的操作,是为了生产出符合质量要求的梳棉条。

任务实施

一、交接班工作

交接班是生产员工的第一项工作,要做好此项工作,交接双方必须提前15min对岗开车交接。交班者以主动交清为主,接班者以检查为主,做到相互合作又分清责任。交接内容见表3-2-1。

表3-2-1　梳棉设备交接班工作内容及要求

内　容	重　点	要　求
整理整顿	1. 机台和地面	按清洁进度表
	2. 预备桶	每台机至少2个
	3. 回花桶/地脚花桶摆放	回条不过长(20cm以内)
	4. 条桶使用情况	无用错
生产情况	1. 定台供应	按品管部工艺要求
	2. 前后供应情况	按生产平衡要求
设备情况	1. 平揩车	填写停台时间
	2. 坏机	原因清楚
清洁工具	纱扫、棕扫、长短竹签	定位、齐全、整洁

二、设备操作

(一)DK740 型、DK760 型梳棉机

1. 机前准备工作

(1)检查锡林是否有塞花(保全)。

(2)关好机门。

(3)确保机台机电正常。

(4)通知空调人员开空调。

2. 开机操作要点及注意事项

(1)开机要点

①将电箱总开关推到"Ⅰ"位置,在控制台按"电源"黄灯键即可。

②在计算机控制台按"开锡林"键,开锡林。

③在"锡林键"不跳动情况下,按"慢速道夫"键。

④待纤维加注棉箱达到满箱状态后开机,用手推压棉层帮助其喂入给棉辊,开快速,直到集棉器输出棉网,松开快速键,棉网穿过压辊后,引导棉条进入圈条器,开快速,棉条挡住光电探测器,棉条伸直后,放下上罩,要求动作轻稳。

⑤改纺时,要等 CV 值降到 7 以下,将机上的棉条拉出处理掉,再开出的棉条待试验室测定合格后,拉出并注有"新"字样。待条并卷测试合格后每台机搭 2 桶使用。

⑥经测试合格后才能大量生产。

⑦出桶后按规定推到下工序供台旁摆放,交班前 1h 要将所有棉条写上责任号(内容、班别、日期)。

(2)注意事项

①计算机控制台数字跳动时不能开机生头。

②棉条喂进圈条器后用手触感应器头,道夫自动切换高速。

③机台正常开出后 DK740 机台要按 R52、R53 键检查棉条数据是否相符,棉条异常要处理(DK760 型梳棉机要按 R51 检查)。

④机台差异 30% 时按 R44 检查。

3. 喂入棉箱的操作要点及注意事项

(1)开机要点

①在控制台按"开棉箱"键。

②用纤维挡住龙头台面电眼,使机台高速运转。

③在机后检查是否有纤维落下棉箱。

④纤维通过输棉辊后用手将棉层推进给棉辊。

⑤棉层全部正常通过给棉辊后即可生头开机。

(2)注意事项

①检查棉箱是否塞花。

②棉层推进给棉辊时,手不得带进去。

③检查棉层是否有沟槽。

4.值机过程要点及注意事项

(1)开机要点

①转班方法:按"R93",屏幕显示数据:

1 班:甲班　　　2 班:乙班　　　3 班:丙班

②三班产量按"R94",屏幕显示数据。

③"计长"显示 100 时,机顶指示灯闪动,按绿色"出桶键",即可换桶。

④发现要有异常,应立即通知有关人员处理。

(2)注意事项

①挡车工禁止装梳棉机的皮带(通知保全工装)。

②机前清洁时要紧握工具,防止掉入卡伤针布。

③发生火警,尽快按紧急按钮。

④车肚内锡林、道夫有挂花,必须待机完全停稳后用棍清除。

⑤生头时严禁一边开机一边用手挨着压辊往外引出棉条。

⑥清上、下绒板花时,必须用规定的工具,禁止用手拿。

⑦清洁车肚时,必须在锡林、道夫停稳后进行。

⑧禁止梳棉机任何部位压气管。

⑨交接班时注意检查棉层、棉网是否异常,机台各部位零部件是否干净、完整,是否有异响,认真按照交接班制度执行。

5.停机要点及注意事项

(1)开机要点

①停机先按"停道夫"键,待 10min 后再按"停锡林"键。

②锡林停稳后,再做有关清洁工作。

③长时间停机需关总电源。

(2)注意事项

①锡林皮带在转动下禁开机底小铁窗门,以免卡伤手。

②锡林未停稳禁止清挂花。

(二)MK4 型梳棉机

1.开机前准备工作

(1)检查锡林是否有塞花,要由保全转动一次锡林皮带。

(2)关好机门。

(3)确保机台机电正常。

(4)通知空调人员开空调。

2.开机操作与注意事项

(1)将电箱总开关推到"Ⅰ"位置,计算机控制台第 1 个锡林亮,要由保全转动一次锡林皮带,确保正常后开第一个锡林,待第一个锡林运转正常后再开动第二个锡林。

（2）待纤维加注棉箱达到满箱状态后开机，用手推压棉层帮助其喂入给棉辊，开快速，直到集棉器输出棉网，然后生头。开出的棉条要由试验室测定量合格后方可开机，大量生产。

（3）换桶后，要按规定把换下的满桶推到下工序摆放，交班前1h要将所有棉条写上责任号（内容、班别、日期）。

注意事项：

每个巡回到机前时，必须留意机台自调匀整指针的位置是否正确，发现偏左或偏右时，要及时拿棉条到试验室测定。

3. 喂入棉箱的操作要点及注意事项

喂入棉箱的操作要点及注意事项与 DK760 型梳棉机一样。

4. 值机要点

（1）转班方法。先按 SHIFT，再按 ENT，屏幕显示数据：

1 班：甲班　　　2 班：乙班　　　3 班：丙班

（2）三班产量，先按 SHIFT，再按 TOTAL，屏幕显示数据。

（3）"计长"显示 100m 时，机顶指示灯亮（红灯），按黑色"出桶键"，即可换桶。

（4）发现异常，应立即通知有关人员处理。

5. 停机要点及注意事项

（1）停机先按"停道夫键"，待 10min 后再按"停锡林"键。

（2）长时间停机需关总电源。

三、全面操作

1. 巡回工作

巡回工作是每个挡车工看好机台，合理安排工作，把好质量关的基本操作法，要求思想集中，做到耳听、鼻闻、眼看，坚守工作岗位，发现问题及时处理。

2. 巡回路线及要求

（1）巡回路线为"凹"字形。

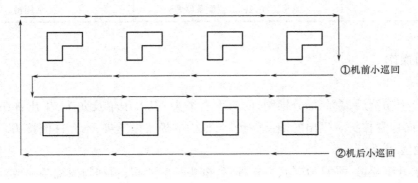

①机前小巡回

②机后小巡回

巡回路线图

巡回路线分为两类：

①小巡回。从图示可知,采用机前小巡回走①所示路线,采用机后小巡回走②所示路线。两者相比应以机前巡回为主,可随时观察显示屏的各项数据,及时处理发生的故障。

②大巡回。机前小巡回加上机后小巡回,合并称为大巡回。

(2)单位巡回时间为 10min。

(3)结合清洁进度表工作。

(4)巡回过程中眼看、耳听机器的运转情况。

(5)巡回过程中眼看、耳听、鼻闻机器有无异常。

(6)做好捉疵、防疵工作。

(7)巡回时做到三先三后,即先急后缓,先易后难,先近后远。

3.生头

(1)启动道夫。

(2)掀起牵条盖。

(3)将压棉辊吐出的棉网搓成笔尖状,引入喇叭口,再将大压辊输出的生条搓成笔尖状,用右手食指和中指夹住,通过导条器,再引到圈条器内。

4.换桶工作

换桶的步骤及要求见表3-2-2。

表3-2-2　换桶步骤及要求

步　骤	重　点	要　求
1.准备工作	1.检查备用桶	无用错,无坏桶,桶面、桶内无异色棉
	2.检查桶上粉记	粉记清晰
2.换桶	双手拖出满桶,左手接住输出的棉条,右手拉空桶入圈条器	动作连贯,拉断棉条桶边无条尾
3.送条桶	送到指定地方排好	无放错,无野蛮操作
4.备用空桶	从下工序拖回放到圈条器旁	无用错

四、单项操作

1.前生头

把棉网全部捞清后,拿起部分棉网,用两手掌搓尖,引入压辊及龙头,生出棉条与桶内棉条接头,采用顺向包卷接头。生出的棉条做鱼尾,桶内的棉条做笔尖,不允许倒接头。

2.棉条包卷接头

包卷要求纤维松散、平直、均匀、内松外紧,搭头长度适当,粗细与原棉条一致。操作步骤见表3-2-3。

表3－2－3　棉条包卷接头的步骤

序号	名称	简　图	说　明	序号	名称	简　图	说　明
1	成条		右手拿棉条,螺纹向上,放在左手四指上。左手拇指将棉条左侧边压在中指第二节上	5	拿接头条		右手拇、食、中指拿接头条,螺纹在侧面
2	分条		右手拇、食指将棉条向右侧翻开、摊平	6	送条		将接头条送入左手食、中指间并夹紧,两夹持点相距80mm
3	夹持		左手拇指放于食、中指处,右手食、中指以剪刀形夹持棉条下端。两夹持点相距100mm	7	拉笔尖形		右手先松后向上慢拉,丢去废条。左手留下松、平、不开花的笔尖形
4	拉鱼尾形		右手平拉,拉断棉条并丢去。左手中留下松散、平直、稀薄、均匀的鱼尾形	8	送笔尖形		左手中、无名指把笔尖送出。右手拇、食指拿笔尖,中指托附。左手掌托鱼尾形,手心下移动

序号	名称	简 图	说 明	序号	名称	简 图	说 明
9	搭头	50mm	右手把笔尖放在左手鱼尾上,右侧对齐。鱼尾笔尖相搭50mm	11	包卷2		右手拇、食指从右向左转动,再包1/3卷
10	包卷1		右手拇指在上,食、中指在下,向左顺向包卷。左手拇指松开,把笔尖从上到下轻捋直,包2/3卷				

五、质量把关

1. 质量把关工作

(1)生产的每桶条做上本班标记,并按品种分类整齐排放在指定地方。

(2)随时留心轻重条、疵点条和杂色条的出现。

(3)生头产生的轻重条作回条放到回条桶内,经过打包送到清花槽上回用。

(4)注意机台情况,遇特殊情况马上报告班长。

2. 清洁进度表

(1)DK760型和DK740型梳棉机:DK760型和DK740型梳棉机清洁进度见表3-2-4。

表3-2-4　DK760型和DK740型梳棉机清洁进度

清洁项目	时 间	工 具	标 准
龙头台面、棉条压辊、上下绒板	逢半点做	毛扫 牙刷	无积花
机身外罩	上班后2h内清	毛扫	无积花
给棉辊及棉层两侧	逢整点做	手	无积花 无缠花
下棉箱前滤网	逢单数整点做	毛扫 手	

清洁项目	时　间		工　具	标　准
车肚、漏底(锡林停稳后做)、盖板清洁刷、龙头内部、清洁辊、剥棉辊、轧辊两头、风箱及棉箱内部(包括棉箱滤网内的棉杂)	夜班:5:30~6:30 机号:1~10号 早班:1:00~2:30 机号:11~20号	逢单号清	气吹、竹签	无棉杂 无挂花 无积花
剥棉辊、清洁辊、轧辊两头、大压辊上下清洁板	逢断头清		手、竹签	无缠花
棉箱上的多孔板箱壁及滤网	逢夜班星期二、星期五清		气吹	无灰尘
风　管	逢中班清		特长纱扫	无挂花
地　面	随时清		扫把	保持干净
空桶、空机	交班前清		毛扫	无灰尘
回花、地脚花			回花袋	不能留给下一班

注　1.各机台棉网每班检查不少于三次,时间安排如下:早班:9:00、12:00、3:00,中班:5:00、8:00、11:00,夜班:1:00、
　　　4:00、7:00,并且逢断头清净压辊两头的积花及棉网下的积花。
　　2.清洁各班大清洁的机台时要有保全工在场,车肚有挂花时由保全工负责清洁,清洁工跟随清扫地面。

(2)MK4型梳棉机　MK4型梳棉机清洁进度见表3-2-5。

表3-2-5　MK4型梳棉机清洁进度

清洁项目	时　间	工　具	标　准
龙头台面、棉条导轮	逢半点做	毛扫	无积花
机身外罩	上班后2h内清	长纱扫、毛扫	无积尘
下棉箱前滤网、给棉罗拉橡皮和棉层两侧、活动盖板内积花	逢整点做	手、长竹签	无积花
前、后道夫与剥棉辊间三角区、两侧门内、车肚、漏底、网眼板、圈条内部、下棉箱内部、各机电动机后罩及DK760型梳棉机下棉箱内部、车肚、漏底、龙头内部(锡林停稳后做)	早班:2:00~3:30 中班:10:00~11:30 夜班:6:00~7:30	气吹	无挂花 无积花 无棉杂
后刺辊与给棉辊三角区	逢整点做	气吹	无积花
棉箱上的多孔板箱壁及滤网	逢夜班星期日、星期三清	气吹	无积花 无挂花
风　管	夜班	长纱扫	无灰尘
空桶、空机	交班前清	毛扫	无灰尘
回花、地脚花		回花袋	不能留给下一班
地　面	随时清	扫把	保持干净

注　1.活动盖板有机玻璃内侧有挂花及时清,保持通道畅通。
　　2.大清洁吹机应从机前到机后。

◉ 考核评价

表 3 – 2 – 6　考核评分表

考核项目	分　　值	得　分
交接班	20(按照要求进行交接班,少一项扣 2 分)	
设备操作	20(按照要求进行操作,少一项扣 3 分)	
巡回	20(按照要求进行巡回,少一项扣 3 分)	
棉条包卷、接头	20(按照要求进行巡回,少一项扣 3 分)	
质量把关	20(按照要求进行质量把关,少一项扣 3 分)	
姓　名	班级	学　号	总得分

实训练习

在实训纺纱厂进行梳棉机的操作。

◉ 知识拓展

一、梳棉操作的测定及技术标准

测定是为了分析操作情况,交流操作经验。测定过程中,应严格要求,测教结合。通过测定分析,肯定成绩,总结经验,找出差距,不断提高生产与技术水平。

1. 操作评级标准

(1)单项评级标准(表 3 – 2 – 7)

表 3 – 2 – 7　单项评级标准

优　级	一　级	二　级	三　级
100 ~ 99 分	< 99 ~ 98 分	< 98 ~ 95 分	< 95 ~ 93 分

(2)全项评级标准(表 3 – 2 – 8)

表 3 – 2 – 8　全项评级标准

优　级	一　级	二　级	三　级
100 ~ 99 分	< 99 ~ 98 分	< 98 ~ 95 分	< 95 ~ 93 分

全项得分 = 100 – 各项扣分 – 工作量扣分

全项测定时间:60min(8 ~ 12 台车)。

2. 单项操作测定

(1)前生头 5 个　FA203 型梳棉机测定时间为 80s,FA221B 型梳棉机测定时间为 50s。

(2)时间计算　前生头指从压辊外拿棉条开始计算,到包好棉条手离开为止;棉条包卷指从上卷尾开始,到包好卷手离开为止。

(3)质量扣分　前生头一个不合格:扣 1 分。

（4）质量标准 将前生头放在并条机上试验,接头不脱开为合格。

3.全项操作测定

清梳联梳棉值车操作测定分析见表3-2-9。

（1）测定时间。测定8~12台,时间为60min。

（2）巡回扣分标准。见表3-2-9。

表3-2-9 清梳联梳棉值车操作测定分析表

班次 　　姓名 　　车号 　　测定时间 　年　月　日

单项测定	项　　目		包卷接头		级　　别		
			速度	质量	全项总分		
	速度、质量扣分				单项得分		
					备　注		

工作量评分标准			操作扣分标准			
评分项目	评分标准	单位	扣分项目	扣分标准	单位	扣分
巡回时间			走错巡回	1	次	
前接头（简）	2	个	少走巡回	1	次	
前接头（复）	4	个	脱硬头	1	个	
送满桶	2	桶	倒包头	2	个	
搬桶	1	个	单项动作不对	1	次	
写桶号	0.2	个	捋桶	1	个	
搬空桶	0.4	个	碰破棉网	0.2	次	
棉条接头	1	个	人为断头	0.5	个	
扫地	5	次	漏疵	0.5	次	
机前小清洁	2	台	人为疵点	1	个	
机后小清洁	1	台	油手换接头	1	次	
机前小揩	0.5	台	粗细条不拉清	1	次	
机后大揩	4	台	用错工具	0.2	次	
			不执行安全操作法	2	次	
			白花落地不拾	0.5	次	
			包卷动作不良	0.2	次	
			棉条翻地	0.5	桶	
			清洁方法不对	0.2	次	
评语						

二、清梳联梳棉工序常见纱疵与产生原因(表3-2-10)

表3-2-10　清梳联梳棉工序常见纱疵与产生原因

序号	疵品名称	产 生 原 因	预 防 方 法
1	棉条、棉结多	①机械状态不良、针布锋利度差,主要隔距松动或偏大(锡林—道夫,锡林—盖板),分梳部件平整度差 ②锡林和刺辊速比不适当,返花多 ③回潮率过高,回花、再用棉混用不匀等	①挡车工应即时反映,必要时关车检修 ②工艺设计应合理,调整锡林与刺辊速度 ③合理使用回花、再用棉,回潮率不得过高
2	条干不匀	大小漏底不光滑、安装不良、挂花塞煞,锡林道夫三角区积花,前吸管道堵塞及抄针门漏风等,此现象呈规律性、间隙性	提高机后部件质量和安装工艺,改善锡林道夫三角区光洁度及前吸效果
3	毛条	①生棉条过满,与卷条轮摩擦过重 ②棉条桶坏边	①棉条桶内的棉条不得过满 ②整修条桶
4	乱条	①生条过满,卷条成形不良 ②条桶弯曲、不圆正 ③棉条包卷接头速度过慢	①整修成形部分 ②整修条桶 ③提高接头速率
5	棉条成形不良	①圈条装置安装不良 ②棉条桶损坏、歪斜 ③生条太满 ④纺化纤时温湿度掌握不当	①加强圈条部分检修 ②保持通道光洁 ③随时剔除不合格棉条桶 ④加强温湿度管理
6	棉条杂质多	①后车肚除杂效率低 ②盖板花少且含杂率低	①改进后车肚工艺,如收紧除尘刀与刺辊隔距等 ②改进盖板型号,增加盖板速度等
7	油污棉条	①包卷时手上有油 ②棉条落地沾油 ③机械加油过多	①包卷时手上不得沾油 ②棉条不得落地 ③机械适量加油
8	粗细棉条	①机械张力、牵伸装置有故障 ②接头不良	①加强维修 ②正确接头

任务3　精梳设备的操作

● 学习目标 ●

1. 能进行精梳设备及其准备设备的操作；
2. 能对精梳条的生产过程进行质量把关。

任务引入

纱线生产需要纺纱各工序相互配合才能完成，精梳是纺纱的第三道工序，其操作是否规范，直接影响纤维的分梳效果及精梳条的质量。

任务分析

生产高品质的纱线就要使用精梳设备及其准备设备，为了生产出符合质量要求的精梳条，就要规范精梳设备及其准备设备的操作。

任务实施

一、精梳准备设备操作

（一）交接班工作

交接班是生产员工的第一项工作，要做好此项工作，交接双方必须提前15min对岗开车交接。交班者以主动交清为主，接班者以检查为主，做到相互合作，分清责任。交接班的内容见表3-3-1。

表3-3-1　交接班的内容

内　　容	重　　点	要　　求
1. 整理整顿	1. 机台和地面	按清洁进度表
	2. 棉卷小车、棉条桶	清洁，定位，整齐
2. 生产情况	1. 前后供应情况	按生产平衡要求
	2. 平揩车	填写停台时间
	3. 机上棉条及机下备条	排放整齐，无错用
	4. 分段上卷	要求分段整齐
	5. 精梳机退出的筒管	全部收回
3. 设备情况	1. 皮辊、机件	无损坏，无缺件
	2. 自停装置	无失灵
	3. 坏机	原因清楚

（二）条卷机、并卷机

1. 开机前准备工作

（1）关好机门。

（2）确信机台机电正常。

（3）检查管库确存有筒管。

2. 开机操作要点及注意事项

（1）开机操作要点：

①将电箱总开关打向"」"。

②机台气压及各加压部件在正常压力范围。

③机台定长符合工艺要求及条卷的棉条数。

④夹盘上有筒管即可开机，气压在工艺要求范围内。

⑤条卷机一台机喂入22根生条，生条经过导条架、导条板、喂入牵伸机构。

⑥开总开关，加压。检查合格后开机。

⑦棉条的定长为180m。在拉棉条及换条过程中必须做到"五不"。防止产生毛条、烂条。

⑧改纺时，要求中试测试合格后才能正常生产，并给喂入并卷机的条卷分段：3 个 180m；3 个 90m。

⑨大量生产。

⑩先将条卷机开出的棉卷的卷头修齐，在已修齐的卷头 100~110mm 处，顺纤维向下轻松拉去 1/2 的棉层，用中、食指修掉过长的棉束，使卷头平齐。

⑪换卷时，卷尾不准纺空，用右手收拢拿起卷尾轻轻平拉断，长度约为 100mm，拉断后要求卷尾纤维均匀齐直，将条卷搬上承卷架，将卷头搭在卷尾上，搭头长度在 100~110mm，搭头不偏不斜，纤维平直。

⑫用手指尖将搭头处揿平，搭头完毕必须待手完全离开后才能开机。

⑬先开慢机，待搭头进入牵伸区后，到机前再开一次慢机待搭头质量合格后才能开快机。

⑭改纺时，开出的条卷必须待中试测试合格后才能正常生产，并要给精梳机分段。一台精梳机要 4 个 ×180m、4 个 ×90m 的条卷，给所有精梳机分段好后，将定长调回 180m，批量生产。

（2）注意事项：

①气压不足时禁止开机。

②牵伸胶辊加压不良禁止开机。

③检查棉网的牵伸及棉卷的成形。

④不准私自调条卷的定长。

⑤送备用卷到精梳机时，应轻拿轻放，每台精梳机上只准放入 4 个备用卷。且不乱卷层，邻卷不相碰。

3. 值机要点

（1）转班方法：将转班钮转向需要选择班别，即可切换到当班状态，并开始计数（A：甲班、B：乙班、C：丙班）。

(2)转班对应的产量以"米"为单位。

(3)条卷开至 180m(设定)即会自动出卷,并自动复原开机。

(4)检查导条架(条并卷)漏条装置是否正常,避免漏条不自停造成浪费及质量问题。

(5)并卷机换卷时,必须搭好卷,待手离开后才能开机,禁止边搭卷边开机,以免夹伤手。

(6)按工艺要求定台供应。

(7)条卷异常即时通知有关人员。

(8)检查管库存管,防止开空。

(9)检查清洁绒布是否工作正常。

4.停机要点及注意事项

(1)停机要点:

①按红色按钮,待机台停稳后,卸去气压,方可做有关清洁工作。

②2h 以上停机需关总电源。

(2)注意事项:

①机台运转时禁止关总电源,以免造成牵伸不良。

②止夹盘里有条卷应停机。

(三)条并卷联合机

1.开机前准备工作

(1)关好机门。

(2)确信机台机电正常。

(3)检查管库确存有筒管。

2.开机操作要点及注意事项

(1)将电箱总开关拧向"｜"。

(2)吸风正常。

(3)胶辊加压正常,夹盘上有筒管。

(4)棉条数及定长符合工艺要求即可开机。

3.值机要点

(1)开至 180m(设定)即会自动出卷,并自动复原开机。

(2)检查漏条装置是否正常。

(3)检查棉条通道,防止挂花影响棉卷质量。

(4)按工艺要求定台供应。

(5)条卷异常即时通知有关人员。

4.停机要点及注意事项

(1)先按红色键,待机停稳后按下"急停"才可做有关清洁工作。

(2)长时间停机需关总电源。

(3)禁止夹盘内有条卷时停机(长时间)。

机台运转时禁止按"急停"或关总电源(紧急情况下除外)。

（四）全面操作

1. 巡回工作

巡回工作做到三结合，即结合换桶接头、换卷搭卷工作；结合清洁工作；结合防疵工作。还要做到三性，即有计划性、有主动性和有灵活性。

2. 巡回路线及要求

（1）巡回路线：1号、2号为"8"字型，3号为"凹"字型。

（2）要求每人看一套条、并卷机。

（3）结合巡回做好换卷换条工作。

（4）结合巡回做好清洁工作。

（5）结合巡回做好防疵捉疵工作。

（6）巡回过程中，检查机器运转情况，有无异响、异味。

（7）结合巡回查看棉花条中有无粗细条，条卷有无毛疵、粘卷、油花及异纤维。

（8）查看棉网状况是否良好。

（9）结合巡回做好整理整顿工作。

（10）注意查看有无漏条。

（11）结合巡回清洁干净牵伸部分、胶辊、压辊等棉条通道的飞花。

巡回过程中必须全面查看，有计划地把各项工作安排到巡回中去，做到有条有理，以防为主，分清轻重缓急。

3. 搭卷工作

搭卷步骤及要求见表3－3－2。

表3－3－2　搭卷步骤及要求

步　骤	重　点	要　求
1. 准备工作	将条卷搭头部位撕好	分层、断口整齐
2. 换卷	1. 取走空管并清洁	动作轻稳
	2. 撕齐条卷机台上棉层	断口整齐
	3. 放卷搭接（三个卷一齐换）	搭合长度约50mm，开机不脱头
3. 点动开机	清干净管上的残花	动作轻，牵伸后棉网良好

4. 换卷工作

换卷步骤及要求见表3－3－3。

表3－3－3　换卷步骤及要求

步　骤	重　点	要　求
1. 准备工作	检查筒管库内有无备管	不空库
2. 自动换卷	1. 计数器满定长自动换卷	机器动作顺利连贯
	2. 尽快补足备管	用双手，动作轻

续表

步　骤	重　点	要　求
3.手动取卷	1.打开安全罩	轻放
	2.置手动开关于"↑"位置	夹盘上升并张开
	3.上升过程中双手旋转夹盘	动作稳,撕断棉层
	4.夹盘张开,取走条卷	左手托住棉卷取出
	5.左手送空管至夹盘位置	位置正确
	6.置手动开关于"A"位置	夹盘合上并下降至正常位置

5.送管与收管工作

送管与收管的步骤及要求见表 3 - 3 - 4。

表 3 - 3 - 4　送管与收管步骤及要求

步　骤	重　点	要　求
1.准备工作	1.将条卷搬至条卷车上	用双手拿,轻放
	2.足4个卷后送至精梳机	在条卷台上,卷头向外,不掉卷层和邻卷不相碰
2.收管	1.把精梳退出的空管收到车上	放稳,运输不落地
	2.将管送至并卷机处	放在黄格内
3.停放条卷车	保持条卷车清洁好,按指定位置放好	放在黄格内

(五)质量控制

1.质量控制工作

(1)把好操作关。

(2)按清洁进度表做好清洁工作,防止飞花、绒板花附入棉条、条卷上。

(3)不人为碰破或弄毛棉条和条卷。

(4)捉清上工序的疵条(粗条、细条、烂条、皱条、竹节条等)。

(5)接头、换卷质量应符合要求。

(6)勤走巡回,勤捉通道挂花,防止漏条。

(7)交班卷要画好责任标记。

(8)平揩车后应检查机器运转和胶辊加压是否正常。

(9)自停装置失灵、加压装置漏气要及时通知保全工修理。

2.清洁进度表(表3 - 3 - 5)

表 3 - 3 - 5　条、并卷清洁进度表

项　目	时　间			工　具	标　准
	早班	中班	夜班		
条卷机和并卷机的牵伸部分大清洁(满卷出卷后停机做)	10:00 ~ 11:00　2:30 ~ 3:30	6:00 ~ 7:00　10:30 ~ 11:30	2:00 ~ 3:00　6:30 ~ 7:30	毛扫、竹签	无积花,无缠花

续表

项　　目	时　　间			工具	标　　准
条卷机的车肚和并卷机的车肚靠机头第一块盖板处及落卷两侧、机头两侧	（满卷出卷后停机做）			毛扫、竹签	无积花，无挂花
	2：30～3：30	10：30～11：30	6：30～7：30		
条卷机、并卷机的机身外罩	逢半点清			毛扫	无积花
条卷机的纱架	交班前0.5h清			小纱扫	无积花，无挂花
条卷机导条台面	逢整点清			手袜	无积花，无挂花
并卷机的罗拉胶辊两侧	逢机尾段换卷时停机做			毛扫、竹签	无积花
并卷机的导棉曲板	随时清			手袜	无积花
机上条桶	随时做			手袜	桶口边缘无挂花，摆放整齐
地面	随时清			扫把	保持干净
空机、空桶、吸风口	交班前清			毛扫、竹签	无积尘，无挂花
回花、地脚花	交班前清			回花袋	不能留给下一班

　　注　1.并卷机车肚靠机尾段的两块盖板位置由日班车肚大清洁时清一次。

　　　　2.并卷机及条卷机机头两侧门内部由早班每天清一次。

二、精梳设备的操作

（一）交接班工作

　　交接班是生产员工的第一项工作，要做好此项工作，交接双方必须提前15min对岗开车交接。交班者以主动交清为主，接班者以检查为主，做到相互合作又分清责任。精梳交接班的工作内容见表3-3-6。

表3-3-6　精梳交接班的工作内容

内　　容	重　　点	要　　求
1.整理整顿	机身与地面彻底清洁	按照清洁进度表做
2.生产情况	1.前后供应平衡	按生产平衡要求
	2.平揩车	填写停台时间
	3.工艺变更	机台落实
	4.棉条桶（备用桶）	无错用（每台均有）
	5.交班卷	不小于3cm
3.设备情况	1.胶辊和顶梳	无损坏
	2.自停装置	无失灵
	3.坏机	原因清楚
4.工具	1.清洁工具（纱扫、棕扫等）	齐全、清洁、定位
	2.专用工具（开启钳板架）	

（二）设备操作

1. 开机前准备工作

（1）关好机门。

（2）确信机台机电正常（包括胶辊完好无缺）。

（3）通知负责空调的人，把落棉的打包机开机。

（4）顶梳扣必须扣好。

2. 开机操作要点及注意事项

（1）将电箱总开关拧向"Ⅰ"位置。

（2）胶辊加压及棉条通道正常。

（3）机台棉卷及定长符合工艺要求。

（4）棉条桶位置正确。

（5）将并卷开出的条卷卷头修齐，在离卷头 100～110mm 处顺纤维向下拉去 1/2 棉层，双手食指、中指修齐卷头。

（6）换卷前，以低速把钳板带回最初位置，然后左、右手持夹筒管两端，顺方向转动一圈，确保撕出的棉纤维平直松散向上，把剩余的原料空管拿走，放在规定的地方。

（7）按导条台上的白色按钮，使条卷滚到承卷罗拉上，然后搭头，搭头长度为 20～30mm。

（8）搭头后关上机盖，以低速启动机器，直至全部搭头通过为止，再按绿色按钮，使机器转换为高速运转。

（9）开出的棉条经过导条板进入牵伸区，经输棉带进入圈条器，有规律地圈放在棉条桶内。

（10）开出的棉条测试合格后才能正常开机。

（11）机上的条桶要写上责任号，不同细度（落棉不同的）要做区分，纺出的棉条要用桶盖压住棉条推送，且看清路面情况。

（12）棉条要放到相对应细度的并条机旁，拿开桶盖时动作要轻，避免因用力过猛而产生毛条、烂条。

3. 值机过程要点

（1）转班方法：按 select 键至需要的班别，计数器即可切换到当班状态，并开始计算（A：甲班、B：乙班、C：丙班）。

（2）当班对应的产量以 km 为单位。

（3）"计长"显示 50m 时，机顶指示灯闪动，如将空桶放到备用桶位置，显示为 0 时即会自动出桶，并复原开机。

（4）巡回多检查棉层的喂入及棉网、棉条的质量。

（5）检查漏条装置及吸风通道是否正常。

（6）按工艺要求定台供应。

（7）检查各清洁装置及吸风通道是否正常。

4. 停机要点及注意事项

（1）停机先按红色键，再按蓝色键卸压。

（2）做机后清洁工作或长时间停机需关总电源。

（三）全面操作

1. 巡回工作

巡回工作要及时发现问题,预防事故发生,有效地提高产品质量及生产效率,使生产顺利进行。

2. 巡回路线及要求

（1）巡回路线为"凹"字形,如右图所示。

（2）每人看台为 5 台。

（3）巡回过程中做好换卷、换桶工作。

（4）巡回时,同时做好清洁工作。

（5）巡回时,结合做好防捉疵工作。

（6）巡回过程中,眼看、耳听机器的运转情况。

（7）巡回时,结合检查棉网的状态。

（8）巡回时,结合做好整理、整顿工作。

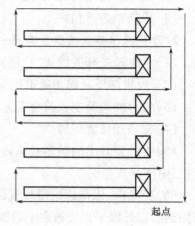

起点

精梳巡回路线图

3. 换桶工作

精梳换桶的工作步骤及要求见表 3－3－7。

表 3－3－7　精梳换桶的工作步骤及要求

步　骤	重　点	要　求
1. 准备工作	1. 检查备用桶	无用错,无坏桶
	2. 检查桶上粉记	粉记清晰
2. 换桶	1. 满定长自动换桶	出桶不倒桶
	2. 送到并条机备桶位置	用规定的桶盖压住棉条推送
3. 放备用桶	尽快放备用桶并做粉记	擦除旧粉记,新粉记清晰

4. 补条工作

精梳补条的工作步骤及要求见表 3－3－8。

表 3－3－8　精梳补条的工作步骤及要求

步　骤	重　点	要　求
1. 取备条	1. 取棉台上 8 根棉条中第 2、4、6 三条	换桶时取备条,放备条盘中
	2. 缺条部分作回条处理	随时有备条
2. 补缺条	绕罗拉胶辊或轻厚卷造成的缺条	补条要平直,不过长或过短

5. 换卷工作

精梳换卷的工作步骤及要求见表 3－3－9。

表 3 - 3 - 9　精梳换卷的工作步骤及要求

步　骤	重　点	要　求
1. 钳板置于最前位置	按点动按钮,使钳板置于最前位置	在条卷纺空时
2. 换卷	1. 拿走空管	动作轻稳
	2. 撕齐机上棉层	撕下来的棉花放在回花桶内
	3. 按开关送备卷	位置适当
	4. 搭头	不烂网,不塞喇叭口
3. 清理空管	1. 剥尽管上白花	白花不落地
	2. 空管放在并卷机旁黄格内	动作轻稳,排放整齐

(四)单项操作

单项操作是挡车工的基本功,是整个操作法的基础,主要有换卷、棉条包卷、补条等内容,要求做到质量好,速度快,动作准确,方法统一。

1. 换卷

换卷要求扯头齐直,减少回花,拉卷均匀,纤维松散、平直,搭头长度标准,纺出的棉网清晰、均匀。换卷的具体操作方法见表 3 - 3 - 10。

表 3 - 3 - 10　换卷的具体操作方法

序号	名　称	简　图	说　明
1	满卷堆放		条卷方向正确,卷头向上并轻贴条卷
2	下卷尾筒管		双手四指放入卷尾筒管内,拇指捏住条卷棉层,将筒管搬至胸前

续表

序号	名　称	简　图	说　明
3	扯卷尾		左手从卷尾筒内松开,将棉层收拢、握紧,向下用力扯断
4	放卷尾筒管		右手将卷尾筒管竖立于车面
5	推卷		右手按下分隔柄,将满卷滑移至轴卷罗拉上
6	翻卷头		双手轻轻翻下卷头,平摊在给棉盘上,保持横向整齐。摘去不齐的棉束,使卷头平齐、均匀

序号	名　称	简　图	说　明
7	搭卷		翻下卷尾与满卷卷头重叠,用手背轻轻在搭卷处按平、理直,将过长卷尾拉断

2. 棉条包卷

棉条包卷要求纤维松散、平直、均匀、内松外紧,搭头长度适当,其粗细与原棉条一致。具体见表3－2－3。

3. 补条

补条要求扯头松散平直,搭正理平,必须选未经并合的单根梳棉条用于补条。补条的具体操作见表3－3－11。

表3－3－11　补条的具体操作

序号	名　称	简　图	说　明
1	拉条尾		左手拇、食、中三指拿住车面上的棉条。右手拇、食、中三指夹持棉条头,轻轻拉断,使纤维保持松散、平直
2	引条		从补条桶中引出棉条,扯好条头,使纤维保持松散、平直

续表

序号	名　称	简　图	说　明
3	前补条		将引出的棉条轻搭在车面条尾下,轻按。用手背顺向护送搭头
4	引条尾		待车面吐出的棉条长约300mm时,将补条拉断,扯好条尾
5	后搭头		前面条头在上,后面条头在下,搭正按平,护送进机

(五)质量控制

1.防疵、捉疵工作

(1)挡车工应5~15min巡回一次,检查棉网、棉条质量。出现缠罗拉、胶辊不自停、多次缠花、棉条起粒要立即报告,并做记录。

(2)每次出桶时检查牵伸胶辊是否吸白,罗拉是否缠花,有无漏条。

(3)每次出桶时检查棉条质量,手摸棉条是否有粗细、起粒现象。

(4)补条时搭头到位,不过长,不过短;搭头过牵伸区后要打开机门卸压,检查有无漏条。

(5)每天分班、分机台用热水清洗,保持胶辊光洁。

(6)每星期五各班均要检查责任机台的漏条装置是否正常,有异常及时报告。

(7)多次缠花、吸白花的胶辊要用碘酒清洗,清洗后再有缠花的应更换胶辊。

(8)缠牵伸胶辊及漏条时,要将精梳条取清,并到试验室测定,合格后方可送下工序使用。

2.清洁进度表

清洁进度表见表 3 – 3 – 12。

表 3 – 3 – 12　清洁进度表

清洁项目	时间			工具	标准
	早班	中班	夜班		
牵伸分离部分及机头牵伸部分、导卷罗拉两侧、圈条底盘及周围尘笼花、圈条器上部(满桶出桶时停机做)	上半班清 1 ~ 8 号 下半班清 9 ~ 17 号			毛扫、竹签	无积花,无缠花
车肚、转移罗拉下及分离罗拉中间(满桶出桶时停机做)	甲班 1 ~ 5 号	乙班 6 ~ 10 号	丙班 11 ~ 15 号	竹签、毛扫、海绵	无积花,无棉尘
	16 号、17 号每天早班清				
机身外罩、玻璃罩盖、导条板、托棉板、承卷罗拉两侧	清牵伸区前清,每班清 2 次			毛扫、海绵	无积花,无棉尘
牵伸分离部分表面挂花	每次换卷时清			手、竹签	无积花,无挂花
满桶的精梳桶	随时做			手	桶口边缘无挂花,并按规定摆放整齐
空机、空桶、吸风口	交班前清			毛扫、竹签	无积尘,无挂花
地面	随时做			扫把	保持干净
回花、地脚花	交班前清			回花袋	不能留给下一班

注　1.落棉窗内逢早班大清洁日清。

　　2.每次出桶后要检查圈条器上部及机头牵伸胶辊是否有积花、缠花。

　　3.牵伸分离部分要用热水洗净牵伸及分离部分的胶辊,每天洗一次。

甲班:1 ~ 5 号;乙班 6 ~ 10 号;丙班 11 ~ 15 号;16 号、17 号由早班负责。

　　4.机头牵伸部分下面的地方要求每星期六早班清,满桶出桶时做。

◉ 考核评价

表 3 – 3 – 13　考核评分表

考核项目	分　值	得　分
交接班	20(按照要求进行交接班,少一项扣 2 分)	
设备操作	20(按照要求进行操作,少一项扣 3 分)	
巡回	20(按照要求进行巡回,少一项扣 3 分)	
换卷、棉条包卷、补条操作	20(按照要求进行巡回,少一项扣 3 分)	
质量把关	20(按照要求进行质量把关,少一项扣 3 分)	
姓　名	班　级	学　号		总得分	

思考与练习

在实训纺纱工厂进行精梳机的操作。

◉ 知识拓展

一、精梳操作的测定及技术标准

测定工作的目的是为了分析操作情况,交流操作经验。在测定过程中,要严格要求,测教结合。通过测定分析,肯定成绩,总结经验,找出差距,不断提高生产水平与技术水平。

1. 操作评级标准

(1)单项评级标准(表3-3-14)

表3-3-14 单项评级标准

优 级	一 级	二 级	三 级
100~99分	<99~97分	<97~93分	<93~86分

(2)全项评级标准(表3-3-15)

表3-3-15 全项评级标准

优 级	一 级	二 级	三 级
100~98分	<98~96分	<96~92分	<92~86分

$$全项得分 = 100 - 各项扣分$$

全项测定时间:80min(4台车)。

2. 单项操作测定

(1)棉条包头。以手拿条卷起计时,手离开为止。每次测定10个,每人测一次。

(2)换卷接头。以手拿条卷起计时,手离开为止。每人换卷接头6个,成绩好的4个记成绩。接头条子与标准条子各取2m做对比。

(3)棉条包头时间。棉条包头10个65s,每慢1s扣0.1分,每快1s加0.1分(保证质量)。

(4)单项操作扣分标准。

①换卷接头离手后再拿棉卷一次扣0.1分。

②人为造成棉网、棉卷破损,一次扣0.1分。

③粘卷后不及时处理,一次扣0.1分。

(5)质量评定标准。

①换卷接头:棉条质量标准公差为±0.6g,在公差以内不扣分,超差0.01g扣0.1分,超差0.1g以上,作坏头处理,扣1分。

②包卷:包卷10个(两包)65s,要求纤维松散、平直、内松外紧。

3. 全项操作测定

测定时间为80min(4台车)。

4. 巡回操作扣分标准

巡回操作扣分标准见表3-3-16。

表 3 - 3 - 16　精梳巡回操作扣分标准

班次　　　　姓名　　　　车号　　　　年　月　日

项目	巡回路线		单项操作																清洁工作、安全工作					
	巡回走错路线	超过巡回时间	补条搭头不标准	换卷搭头不标准	卷头卷尾不标准	搭卷纤维弯曲	换卷粗细头	棉卷分段不标准	补条搭头不护送	人为断头	人为疵点	被动落卷	动作不标准	粘卷不处理	倒包头或不接头	不执行操作法	漏捉疵点	巡回不查棉网、落棉	不执行清洁进度	不执行清洁五固定	油手接头或落卷	不执行安全操作	剥落棉前不扫地	白花不拾清
单位	次	次	次	只	只	只	只	次	个	个	个	只	次	只	个	次	只	次	次	次	次	次	次	次
扣分	1	0.5	0.5	0.5	1	0.5	1	0.5	0.5	1	1	0.5	0.5	0.5	2	1	0.5	1	1	0.2	1	3	1	0.5
评语								单项操作得分							全项操作得分			包卷10个（2包）65s 包卷质量 速度			得分 类型			

二、精梳工序常见纱疵、产生原因及预防方法(表3-3-17)

表3-3-17 精梳工序常见纱疵、产生原因及预防方法

序号	纱疵类型	产生原因	预防方法
1	粗细条	①厚薄卷、缺条、搭头不良 ②胶辊加压不良	捉清厚薄卷
2	棉网破洞	①锡林锯齿和顶梳的梳针损伤、缺损 ②分离罗拉、分离胶辊绕花 ③钳板堵花 ④毛刷与锡林距离不对 ⑤锡林绕花过多 ⑥分离胶辊有缺陷 ⑦分离接合运动配合不良	及时维修
3	棉网成形不良,有斑纹、破边	①锡林锯齿和顶梳的梳针损伤、缺损、不锋利 ②分离罗拉、分离胶辊绕花 ③分离胶辊有缺陷、运转不灵活 ④分离接合运动配合不良 ⑤查钳板堵花 ⑥落棉隔距不正确	及时维修
4	棉网、棉条均匀度不良	①牵伸、分离罗拉偏心、弯曲 ②牵伸、分离胶辊压力过轻,偏心、弯曲 ③齿轮啮合不良,压力棒调节不良 ④顶梳隔距不对	及时维修,更换不良零件,控制好温湿度
5	棉结杂质多	①落棉率过低 ②尘笼堵花 ③锡林锯齿和顶梳的梳针损伤	及时维修
6	棉条脱头	①车面板有毛刺,不光洁 ②牵伸胶辊不灵活 ③车头齿轮松动	及时维修
7	油污棉条	①圈条齿轮渗油 ②加油过多	及时擦清油迹

任务4　并条设备的操作

1. 能进行并条设备的操作;
2. 能对熟条的生产过程进行质量把关。

任务引入

纱线生产需要纺纱各工序设备的配合才能完成,并条是纺纱的第四道工序,其操作是否规范,直接影响棉条的均匀效果及纤维的伸直、平行度。

任务分析

并条设备是通过牵伸与并合提高棉条的均匀度与纤维的伸直、平行度的,为了获得较高质量的熟条,需要规范并条设备的操作。

任务实施

一、交接班工作

交接班是生产员工的第一项工作,要做好此项工作,交接双方必须提前15min对岗开车交接。交班者以主动交清为主,接班者以检查为主,做到相互合作又分清责任。交接班工作的内容及要求见表3-4-1。

表3-4-1　交接班工作的内容及要求

内　容	重　点	要　求
1. 清洁	1. 机台和地面	按清洁进度表
	2. 预备空桶	清洁、定位、整齐
2. 生产情况	1. 前后供应情况	按生产平衡要求
	2. 平揩车	填写停台时间
	3. 工艺变化(看黑板通知)	机台落实
	4. 棉条桶	排放整齐、无错用
	5. 分段上条	分段整齐
3. 设备情况	1. 胶辊、机件	无损坏
	2. 自停装置	无失灵
	3. 坏机	原因清楚
4. 工具	清洁工具(纱扫、棕扫、菊花棒)	齐全、定位、清洁

二、设备操作

1. 开机前准备工作

（1）交接班检查皮辊是否损坏。

（2）检查牵伸区棉条是否经集合器开纺。

（3）检查风箱是否有风箱花。

（4）检查导条架漏条装置是否完好。

（5）检查牵伸区自停装置是否完好。

（6）工艺相符，品种不同套用的带色不同，机台开什么线密度的纱就要套什么色的带。

（7）长时间停台后再开机，最少开 15～30min 空机。

（8）检查棉条是否经过压力棒。

2. 开机操作及注意事项

（1）将电箱总掣打开并看计算机定长是否正确，如果不正确，按黄色按钮手动出桶复位。

（2）检查后未发现异常，按绿色按钮开机。

（3）开机前后一定要按照安全操作法进行。

（4）必须严格按照工艺要求上车，不同线密度用的条桶必须严格区分。

（5）每台机每边上 8 桶精梳条，棉条经过导条压辊、导条架进入牵伸区，棉条进入牵伸区后必须在集棉棒下面走入弧形集束器、喇叭口，由圈条器有规律地圈放在条桶内。送棉条到粗纱工序时，必须要看清路面情况，且要并排拉两桶棉条，棉条要送到对应线密度的粗纱机弄里，按规定放好，每台粗纱机弄不能同时放两个品种的备用条桶。改纺时，所有机台必须经各项测试，测试合格后方可正常生产。棉条的满定长为 3510m。

（6）换条时，机上的棉条剩下一层以下才能找出条尾。撕条尾时，纤维要松散、平直、稀薄、均匀，接上去的棉条作条头，条头要拉成笔尖形，要求纤维松散、平直、不开花。包卷时，条头要搭在条尾上，搭头长度要适当（50mm 左右），包卷要移位，要求里松外紧。

（7）接头后，要目送接头进入牵伸区，防止因接头不良造成漏条。

3. 值机要点

（1）转班方法：按计算机左边上角：

1 班：甲班　　　2 班：乙班　　　3 班：丙班

（2）当班的产量以 km 为单位。

（3）计长显示 3510m，但距纺完还有 100m 时亮黄灯，准备出桶。

（4）出桶后检查吸风箱是否有吸白花，检查胶辊是否有积花和缠胶辊罗拉，手感棉条粗细。

（5）出入桶时注明条桶责任号，第一次出桶写 1 字，第二次出桶写 2 字，如此类推。

（6）出桶后手掌不能碰烂棉条。棉条桶送往下工序时，应两桶棉条并齐拉。

（7）15min 巡回一次，巡回过程中用眼看棉条有无质量问题、风箱有无吸白花、导条架有无漏条、棉条进入牵伸区是否分散或重叠。

4. 停机要点及注意事项

（1）停机先按红色按钮，再拉下总电源。

（2）非紧急情况不能按急停掣,避免车前全部棉条断头。

（3）2h 以上停机一定要卸气压或关总电源。

（4）停机维修一定要关总电源,并注明维修字样。

三、全面操作

1. 巡回工作

巡回工作可及时发现问题,预防事故发生,有效地提高产品质量及生产效率,使生产顺利进行。

2. 巡回路线及要求

（1）巡回路线为"凹"字形。看 4 台车的巡回路线如图 3-4-1 所示,看 3 台车巡回线如图 3-4-2 所示。

（2）巡回时间相隔均匀,每次巡回在 10min 左右。

（3）巡回中积极处理各类问题,工作有条理,分清轻重缓急,先易后难,先近后远。

（4）结合巡回做好捉疵防疵工作。

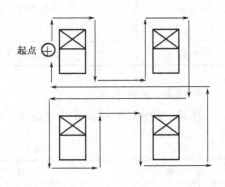

图 3-4-1　4 台车巡回路线图

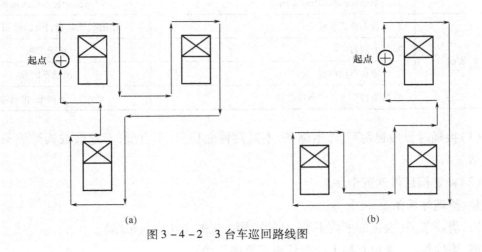

（a）　　　　　　　　　　　　　　　（b）

图 3-4-2　3 台车巡回路线图

（5）结合巡回做好换桶、上桶工作。

（6）结合巡回查看棉条有无粗细条、疵点条,检查机台运转情况,查看棉条桶运转情况,查看棉条通道有无挂花,棉条有无打褶、断边、断头情况,处理故障时常抬头看看其他机台有无亮红灯。

（7）转批号时需纺空棉条,重新生头。

3. 棉条接头

棉条接头的步骤及要求见表 3-4-2。

表 3 - 4 - 2　棉条接头的步骤及要求

步　骤	重　点	要　求
1.撕条尾	拉成的鱼尾形要松散、平直、稀薄、均匀	棉条不损坏
2.撕条头	拉成松散、平直、不开花的笔尖形	撕棉条纤维在 9cm 左右
3.搭头	搭头纤维平直,搭头长度要适当	搭条纤维长度在 4.5cm 左右
4.包卷	包卷里松外紧,包头光滑	第一包为 1/4 第二包为 2/4 第三包为 1/4
5.拔签	拔签要轻巧,纤维要平直	要求包卷纤维平直

4.换条、换桶工作

换条、换桶的步骤及要求见表 3 - 4 - 3。

表 3 - 4 - 3　换条、换桶的步骤及要求

步　骤	重　点	要　求
1.换条	1.分眼换条	棉条长度不够则补条
	2.断条时严禁机后搭条	按操作法接头
	3.回条必须长在 20cm 以内	回条撕断轻轻放入棉条桶
2.换桶	1.机台上放预备桶	无用错,无坏桶,桶内、桶面无棉条
	2.桶上划粉记	粉记清晰
	3.满定长自动出桶	出桶不倒桶
	4.送条桶至下工序备桶位置	动作轻,不碰毛,排列整齐

（1）换桶时要做到六不,即不倒条,不乱翻桶底棉条,不空桶,不挖破或钩烂棉条,不搓头,不打结。

（2）换好桶后做到五个字。

整:整理好棉条。

清:清好条桶（换出的桶内不准留回花,桶口边的挂花要清干净）。

擦:擦掉粉记（换出空桶上的责任粉记要擦干净）。

排:排齐条桶（机上的条桶、送出的空桶都要在规划内排整齐）。

看:看着桶底乱条纺空（防止棉条打结造成漏条）。

四、单项操作

单项操作是值车工的基本功,是整个操作法的基础。单项操作要求速度快、动作准确、操作质量好。并条操作的主要内容是棉条包卷接头,分 11 个动作完成。其中拉鱼尾要求纤维松散、平直、均匀,拉笔尖要求纤维松散、平直、不开花,包卷要求里松外紧,粗细与原棉条一样。棉条

包卷动作过程见表 3 - 2 - 3。

五、质量控制

1. 质量把关工作

（1）逢出桶就检查胶辊是否吸白、是否缠花，风箱花是否正常。出现异常或漏条应立即报告，要取清有质量问题的那部分棉条。经试验室测定合格后才可送下工序使用。

（2）逢出桶就检查棉条质量，手摸棉条检查是否有粗细、起粒现象。

（3）目送接头过牵伸区，防止因接头不良造成漏条。

（4）棉条断头离牵伸区太近接不上头的，待搭头部分过牵伸区后，应出桶拉掉搭头处的棉条。

（5）各班交班清机时，要用热水清洗胶辊，保持胶辊光洁。

（6）胶辊、罗拉多次缠花应及时报告，并做记录。

（7）漏条不自停应及时报告，并做记录。

（8）多次缠花、吸白的胶辊要用碘酒清洗，清洗后再有缠花的应通知胶辊室更换胶辊。

2. 并条清洁进度

并条清洁进度见表 3 - 4 - 4。

表 3 - 4 - 4　并条清洁进度表

项　　目	时　　间			工　具	标　准
	早班	中班	夜班		
检查胶辊	7:45 ~ 7:55	3:45 ~ 3:55	11:45 ~ 11:55	目视	状态正常
牵伸系统（满桶出桶后停机做）	9:30 ~ 10:30 2:30 ~ 3:30	6:20 ~ 7:30 10:30 ~ 11:30	2:30 ~ 3:30 6:30 ~ 7:30	毛扫、竹签	无积花，无挂花
电动机、圈条底盘及周围	2:30 ~ 3:30	10:30 ~ 11:30	6:30 ~ 7:30	毛扫、竹签	无积花，无挂花
滤箱、滤网（满桶出桶后停机做）	8:30、10:30 12:30、2:30	4:30、6:30 8:30、10:30	12:30、2:30 4:30、6:30		
机身外罩、导条架绝缘板、棉条压辊	逢双数整点停机做			毛扫、小纱扫	保持干净，无积花
满桶的条桶和机上的条桶	随时做			手	桶口边缘无挂花，并按规定摆放整齐
空桶、空机机身、吸风口	交班前清			毛扫、竹签	无灰尘，无挂花
地面	随时做			扫把	保持干净
回花、地脚花	交班前清			回花袋	不能留给下一班

　注　1. 每次出桶要清第一条胶辊清洁棒的积花。

　　　2. 下半班清牵伸区时，用热水洗净胶辊及棉条压辊和绝缘板。

　　　3. 除双数整点清导条架外，单数整点停台用手清导条架第八锭及第一锭前的斜面部位。

　　　4. 要求空桶待条、空桶清洁、空桶交接班检查胶辊、空桶改齿轮。

◉ 考核评价

表 3 - 4 - 5　考核评分表

项　目	分　　　　值	得　分
交接班	20(按照要求进行交接班,少一项扣2分)	
设备操作	20(按照要求进行操作,少一项扣3分)	
巡回	20(按照要求进行巡回,少一项扣3分)	
棉条包卷接头	20(按照要求进行巡回,少一项扣3分)	
质量把关	20(按照要求进行质量把关,少一项扣3分)	
姓　名	班　级	学　号	总得分

实训练习

在实训纺纱工厂进行并条机的操作。

◉ 知识拓展

一、并条操作的测定及技术标准

测定工作的目的是为了分析操作情况,交流操作经验。在测定过程中,要严格要求,测教结合。通过测定分析肯定成绩,总结经验,找出差距,不断提高生产水平与技术水平。

1. 操作评级标准

(1)单项评级标准(表 3 - 4 - 6)

表 3 - 4 - 6　单项评级标准

优　级	一　级	二　级	三　级
100 ~ 99 分	< 99 ~ 97 分	< 97 ~ 93 分	< 93 ~ 86 分

(2)全项评级标准(表 3 - 4 - 7)

表 3 - 4 - 7　全项评级标准

优　级	一　级	二　级	三　级
100 ~ 98 分	< 98 ~ 96 分	< 96 ~ 92 分	< 92 ~ 86 分

全项得分 = 100 - 各项扣分 - 工作量扣分

全项测定时间:75min(4 台车)。

2. 单项操作测定

(1)单项测定每项测一次并记录成绩。

(2)测定数量为 10 个。

(3)以手触棉条起计算时间。

（4）手包卷测定速度，棉为 65s，涤为 90s。

（5）质量标准：手包卷一个不合格扣 1.5 分。

3. 全项操作测定

（1）测定时间：3 台 60min；4 台 75min。

（2）巡回扣分标准见表 3－4－8。

表 3－4－8　并条值车操作测定分析表

| 班次 | | 姓名 | | 车号 | | 开始时间 | | 年 | 月 | 日 | | 结束时间 | | 年 | 月 | 日 |

单项测定	项　目		机前接头		机后接头		级　别		
			速度	质量	速度	质量	全项总分		
	速度、质量扣分（粗细头扣 1.5 分/个）（超 1s 扣 0.1 分/个）						单项得分		
							备　注		

工作量评分标准							操作扣分标准			
项　目	评分标准	单位					项　目	扣分标准	单位	扣分
巡回时间							走错巡回	1	次	
机前接头（筒）	1	个					超过时间	0.5	次	
机前接头（复）	2	个					挖破棉条	1	个	
机后接头（筒）	1	个					人为断头	0.5	个	
机后接头（复）	2	个					脱头	0.5	个	
换桶（16 英寸）	1	次					倒包头	2	个	
换桶（24 英寸）	2	次					棉条打结	0.2	个	
搬大桶	0.4	个					空桶	1	桶	
搬小桶	0.2	个					棉条过高	0.2	桶	
揩桶号	0.4	个					桶口拖尾巴	0.3	桶	
写桶号	0.2	个					漏疵	0.5	个	
揩前车面	5	台					人为疵点	1	个	
揩后车面	2.5	台					油手接头	0.5	个	
清洁喇叭口	0.5	台					不执行清洁进度	2	次	
清洁后车肚	1	台					用错清洁工具	0.5	次	
清洁小罗拉	2.5	台					用不清洁的工具	0.5	次	
清洁罩盖	0.5	台					白花落地不拾	0.5	次	
卷上吸风	1	台					包卷动作不良	0.2	次	
揩圈条盘	1	台					接头不良	0.5	次	
清洁吸风斗	2	台								

续表

工作量评分标准						操作扣分标准			
项　目	评分标准	单位				项　目	扣分标准	单位	扣分
挖风箱花	1	台							
卷胶辊	1	眼							
揩高架	3	台							
卷笔架	0.5	台							
揩车头车脚	5	台							
扫　地	1	台							
评　语									

注　1 英寸 = 2.54cm。

二、并条工序常见纱疵及预防措施

并条工序常见纱疵及预防措施见表 3-4-9。

表 3-4-9　并条工序常见纱疵及预防措施

序号	纱疵名称	产　生　原　因	预　防　措　施
1	粗棉条	1. 喂入棉条打褶或多根喂入 2. 棉条接头过长或包卷过紧	加强巡回和机械检查,正确接头包卷
2	细棉条	1. 喂入棉条缺根 2. 棉条接头过细 3. 棉条包卷太短	加强巡回和机械检查,认真执行接头包卷操作法
3	毛棉条	1. 棉条通道不光滑、挂花 2. 集合器、喇叭口毛糙或开档过大 3. 挖高棉条	提高维修质量,及时更换损坏零件,不允许挖高棉条
4	棉条重量差异大	1. 牵伸变换齿轮用错 2. 喂入棉条线密度用错 3. 喂入棉条缺根	翻改品种时,杜绝变换齿轮用错,加强巡回,提高工作责任心
5	油污条	1. 棉条桶内不清洁 2. 维修后零部件有油污 3. 油手接头,棉条落地	机械维修后揩清油污,揩清条桶,油手不接头,棉条不落地
6	棉条条干不匀	1. 机械有故障 2. 加压不良,隔距走动 3. 绕胶辊、绕罗拉后未拉清	加强机械检查、维修,拉清绕胶辊、绕罗拉花

任务5 粗纱设备的操作

● 学习目标 ●

1. 能进行粗纱设备的操作;
2. 能对粗纱的生产过程进行质量把关。

任务引入

纱线生产需要纺纱各工序设备的配合才能完成,粗纱是纺纱的第五道工序,其操作是否规范,直接影响粗纱的质量。

任务分析

粗纱设备是为了完成细纱所不能完成的牵伸而设置的,其主要任务是牵伸,并少量加捻,以使粗纱获得适当的强度,保证卷绕、退绕时的完整。为了获得较高质量的粗纱,应规范粗纱设备的操作。

任务实施

一、交接班工作

交接班是生产员工的第一项工作,要做好此项工作,交接双方应提前15min对岗开车交接,交班者以主动交清为主,接班者以检查为主,做到相互合作又分清责任,交接内容见表3-5-1。

表3-5-1 交接班工作内容及要求

内 容	重 点	要 求
1. 整理整顿	1. 机台和地面	按清洁进度表
	2. 棉条桶,筒管车	整齐排列在黄线框格内
	3. 疵品	当班处理
	4. 坏筒管	本班回收,放在固定的地方
2. 生产情况	1. 前后供应情况	按生产平衡要求
	2. 工艺变更	机台落实
	3. 熟桶条,空桶和筒管	摆放整齐
	4. 生活情况	正 常
	5. 交班纱	用工号纸区分

内　容	重　点	要　求
3.设备情况	1.平揩车	填写停台时间
	2.坏机	原因清楚
	3.自停装置	无失灵
	4.胶辊、皮圈、清洁器	齐全,无损坏
4.工具	纱扫、棕扫、菊花扦、长竹签	当班收回,放在本班工具箱内

二、设备操作

1.开机前准备工作

(1)筒管、棉条、集合器、钳口要与工艺相符。

(2)检查机台用什么色筒管,纺什么线密度的纱。

(3)检查牵伸区是否缺钳口、集合器,摇架是否压住胶圈,检查胶圈是否装错。

(4)检查压掌是否变形、绕花,绕数是否正确。

(5)检查机后棉条是否有撕裂条。

(6)检查机前张力是否正常。

(7)是否有前后喇叭口,检查棉条是否穿过喇叭口。

(8)如果长时间(2 天或以上)停台,最少开 15～30min 空机并检查正常后才能开机生产。

(9)检查产量表是否是 2500,如果不是,应先复位至 2500 读数。

2.开机操作要点及注意事项

(1)将电箱总掣往上推,机头第一盏灯亮即可开机。

(2)开机按照安全操作法进行。

3.值机过程要点

(1)机头左上角有一个"7"字形的转班按钮,转 A 为甲班,转 B 为乙班,转 C 为丙班。

(2)当班对应的产量以 km 为单位。

(3)计长器显示 20 时,机顶上红灯亮,准备落纱。

(4)落纱前后工作分开。

①落纱前准备 4 台单锭纱车并要注明责任号及 A、B、C、D 顺序。

②落纱前检查机后棉条是否有撕裂条并做好记录。

③落纱后需清牵伸机台的,打开盖板,拾净风箱花,清干净牵伸区,用竹签清干净胶辊、罗拉两端的积花,将筒管完全按平后将龙筋复位,用布、手套清扫前车面,扫干净下龙筋和筒管脚的积花,拾干净纱尾和锭翼挂花才能开机,当粗纱绕至离管顶 10cm 即停机,将地面扫干净。

(5)值机时每隔 15min 走一次巡回,检查机前有无飞花,有无纱疵附入,纱线的张力装置、假捻器、吸风管、铁棒处有无积花,机后棉条有无起毛、撕裂条、混支等情况。

（6）机顶信号灯的作用：

①黄灯：机前锭翼部位打飞花或有障碍物飞过时会使黄灯亮。

②红灯：计长器显示 20 时，亮红灯，挡车工准备落纱。

③绿灯：机前假捻区有断头或有障碍物飞过、车面飞花多、假捻器有绕花都会使绿灯亮。

④白灯：机后撕裂条，或机架有挂花时白色灯亮。

（7）突然停电或断皮带、扫齿轮的处理方法

①如果突然停电，待有电后检查满管纱有无粗细节，有无纱线重叠，如果有，则手动落纱，处理一层左右的满管纱后进行测试，测试合格可以运到下工序用，然后正常开机。

②如果铁炮皮带断或扫齿，则手动落纱，测试定量及条干，未经测试的注明"禁用"两字。经试验室测试合格才可以开机生产。

4. 停机要点及注意事项

（1）停机先按红色键，在锭翼完全停稳后，再去关总电源。

（2）停机 2h 以上一定要关总电源，打开摇架。

（3）维修一定要关总电源，并注明"维修"字样。

（4）纺纱过程中停机应顾及满管纱冒头、冒脚成形不良。

三、全面操作

1. 巡回工作

巡回工作应做到及时发现问题，预防事故发生，有效地提高产品质量及生产效率，使生产顺利进行。

2. 巡回路线及要求

巡回路线为"凹"字形。

（1）每人看 2 台机的巡回路线。

①"8"字形巡回路线：如图 3 - 5 - 1 所示，此种路线应用较多。其特点是单面巡回，全面照顾。

②"凹"字形巡回路线：如图 3 - 5 - 2 所示，此种路线主要用于大清洁时的巡回。

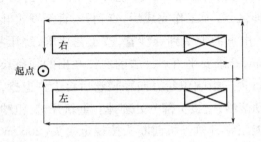
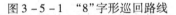

图 3 - 5 - 1　"8"字形巡回路线

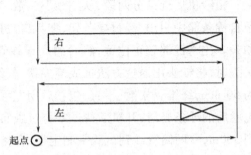

图 3 - 5 - 2　"凹"字形巡回路线

③外巡回路线：如图 3 - 5 - 3 所示，此种路线主要用于查机后喂入情况，结合查棉条质量、破条、疵点、飞花等。

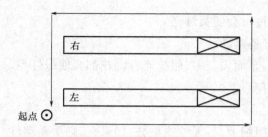

图3-5-3　外巡回路线

图3-5-4　内巡回路线

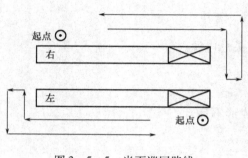

图3-5-5　半面巡回路线

④内巡回路线：如图3-5-4所示，此种路线主要用于检查机前情况，结合查纱条张力、摘锭翼飞花及机前清洁工作等。

⑤半面巡回路线：如图3-5-5所示，此种路线主要用于换筒，可以最短路线完成换筒。

总之，粗纱巡回线路比较灵活，可根据现场生产情况，合理选择巡回线。

（2）正常情况下，巡回周期不允许超过15min。

（3）巡回过程中眼看、耳听机器运转情况，结合做好防疵捉疵工作。

（4）结合巡回处理好机器停台（机前和机后断头），处理好毛条，纠正交叉棉条。

（5）巡回时，结合清洁进度表，做好清洁工作。

（6）巡回时，结合检查粗纱成形情况。

（7）巡回时，结合做好整理整顿工作。

（8）转批号换条时全部打空，重新生头。

3. 机前、机后接头，落纱、换条工作

粗纱机后棉条分两段，从细纱那头数，第一段60锭，第二段60锭（包含纺不定长锭位），棉条自棉条筒中引出，经过导条架、喇叭口，进入牵伸区，各项工作完成后，点动开，直至罗拉吐出须条。先将锭翼较正位置，然后插入导纱管引纱，由而上牵到导纱管，按工艺要求，绕压掌。接头时，将纱头用退捻方法扯成笔尖状，长约45mm，纤维要平直。扯去前罗拉吐出的须条长约为50 mm，纤维要松散、平直，包卷后用左手中、拇、食三指顺包卷方向轻轻卷后再少许退捻，使包卷后的纱条光滑，开机后待压掌打过绒布后手动落纱，交接头部分处理掉。重新开机，粗纱纺到500m，拿两筒管纱到试验室测定量，合格后才能正常开机。机前断头按规定接头（2000m以下缺半层不接头，2000m以下缺10cm不接头）。

换条是影响粗纱生产效率的主要因素之一。为提高生产效率，挡车工必须实行统一指挥，统一行动，团结合作的集体作业。机后换条时（不包括不定长锭位），先等压掌往下纺到10cm左右停机，然后在机后棉条桶处撕断，拉开条桶扫净地面的飞花，在棉条尾部上方30cm左右点上蓝粉后拉往棉条上机(拉内排棉条时,必须有人在内排接应,且两桶棉条要并排拉,避免产生毛条、烂条),然后接头、开机,待接头过机后落纱。将蓝粉及接头部分(蓝粉之前的纱)处理掉才能送到后工序使用。退出的空桶要放到并条机前黄格内并按规定摆放好。不定长锭位换条,不用点蓝粉,棉条用竹签接头过机前打断后重新接头。工艺牌标识内容要与机台所纺线密度、管色、使用并条机棉条的内容相同,且落纱后的粗纱要放到对应线密度的细纱机前摆放。1400m 以下的粗纱(包括 1400m)可用 60 锭的单锭车装,1400m 以上粗纱要用 30 锭的单锭车装,避免粗纱因摩擦起毛(单锭车可根据单锭车的规格和粗纱的直径而定)。

四、单项操作

单项操作是值车工的基本功,是整个操作法的基础,单项操作要求速度快、动作准确、操作质量好。单项操作包括机前接头和机后手包条两项。

1. 机前接头

机前接头的步骤见表 3 - 5 - 2。

表 3 - 5 - 2 机前接头的步骤

序号	名称	简 图	说 明	序号	名称	简 图	说 明
1	机前断头		关车后吐出纱条	3	退绕与引头		右手拇、食指夹持纱管,逆时针退绕。左手拇、食指夹持纱头,边加捻,边引出
2	穿尼龙棒		右手拿尼龙棒,由上向下穿出锭壳	4	绕尼龙棒		左手食、中指将纱条绕过尼龙棒

序号	名称	简　图	说　明	序号	名称	简　图	说　明
5	引纱条		左手配合右手拇、食指,将尼龙棒向上拉,引出纱条	9	拉纱条	50mm	右手食、中指夹持罗拉下方的纱条,向下平直拉断,丢弃废条
6	绕压掌		左手拇、食指将纱条绕在压掌上,绕过3圈。右手将上端的纱条引向罗拉处	10	包卷(1)		左手拇、食指拿笔尖,凑到须条左下方,笔尖顺时针转动90°
7	加捻	100mm A	左手小指压住纱条,右手拇、食指顺时针加捻	11	包卷(2)	先↗45° 后↓90°	左手中指、无名指压住纱条,拇、食指顺时针转45°,再逆时针转90°,理光
8	拉笔尖	50mm A	左手夹持A处,右手拇、食指先逆时针退捻,再向上拉断,丢去废条。左手留下笔尖形				

192

2. 机后手包条

包卷要求纤维松散、平直、均匀、内松外紧,搭头长度适当,粗细与原棉条一致。操作步骤见表 3 - 2 - 3。

五、质量控制

1. 质量把关工作

粗纱工序产生的纱疵极大程度地影响成纱质量。纱疵来源主要有 3 个,即机后、牵伸区、机前卷绕区。

(1)机后棉条纱疵

①熟条打摺或有飞花附入。

②熟条严重起毛,有烂条。

③棉条撕裂。

(2)牵伸区的纱疵

①牵伸胶辊失效、压力不够。

②胶辊变形、弯曲或转动不灵活,或胶辊与前罗拉不平行。

③隔距块纺纱。

④隔距块压住备用胶圈纺纱。

⑤上、下胶圈有破损,上销变形等。

⑥棉条进入牵伸区时道路不正确(如漏穿喇叭口、集合器等)。

⑦集合器、喇叭口有积尘或挂花。

⑧胶圈跑偏,棉条跑出通道。

⑨胶辊吸白花。

⑩假捻器有破损。

⑪罗拉绕花。

(3)卷绕区的纱疵

①锭管内挂花。

②压掌绕数不对,压掌挂花严重,压掌变形。

③锭子摇头或筒管跳动、弯曲。

④飞花没拾干净。

(4)紧纱、松纱、烂纱(主要出现在机前卷绕区)

①压掌绕数不对。

②粗纱条压住压掌纺纱。

③断头后接头相隔时间长。

④压掌变形(上翘或下垂)。

⑤铁炮皮带复位不正确,整台机纱松。

⑥张力松(须条跳动大)。

⑦H 位不会复位。

（5）冒头、冒脚

①张力变化大，时紧时松。

②停机位置不当（在换向处停机）。

③锭子、筒管、压掌高低不一或跳动。

④压掌变形。

⑤电器控制换向装置失灵。

（6）飞花附入

①棉条内有飞花、绒板花，或送风管有飞花。

②没按规定清桶底尘花（剩下最后一车纱时清）。

③绒圈转动不灵，造成绒板花附入棉条。

④没停机做清洁，或清洁时动作过大，造成飞花附入。

⑤锭管内或锭翼挂花。

⑥机前打飞花，没拾净飞花就开机。

（7）油污粗纱

①胶辊轴头、罗拉头等有油污溢出。

②送风管内有黑色污物。

③起纺时没按规定停机扫地。

④清洁时脏花附入纱条。

⑤挡车工油手接头。

⑥粗纱落地沾油污。

2. 清洁进度

清洁进度见表 3 - 5 - 3。

表 3 - 5 - 3　清洁进度表

项　目	时　间			工　具	标　准
	早班	中班	夜班		
纱　架	2:00 ~ 2:30	10:30 ~ 11:00	6:00 ~ 6:30	纱扫、菊花扫	无挂花
牵伸部分、运动龙筋底、车肚、电动机罩	上半班清单号机，下半班清双号机（每班清一次，特殊情况另行通知，停机做）			毛扫、竹签	无积花，无缠花
盖板、前车面、锭翼、运动龙筋面、吸风箱	每落纱停机做			手套、竹签、毛扫、纱扫	盖板花不能突出盖板面，无积花，无挂花
绒圈、前后罗拉	发现积花、缠花随时清（停机做）			手	无积花，无缠花
后车面、机头、机尾	逢整点做			纱扫、毛扫	保持光亮
假捻器颈	发现缠花随时清			红胶管	无缠花
机上的条桶	随时整理			手	按规定摆放整齐

续表

项 目	时 间			工 具	标 准
	早班	中班	夜班		
空桶、空机、吸风口		交班前清		毛扫、竹签	无积尘,无挂花
地 面		随时扫		扫把	保持干净
回花、地脚花		交班前做		回花袋	不能留给下一班

注 1.纺剩最后一车纱的棉条开始,用竹签拾净棉条中间空心位置的飞毛。

2.清集合器要求早班清1~3号,中班清4号、5号,夜班清6号、7号,并且单号清单号机,双号清双号机,要求起摇架清,特殊情况另行通知。

3.吸棉管、下胶圈逢大清洁日早班停机清。

◉ 考核评价

表 3-5-4 考核评分表

考核项目	分 值	得 分
交接班	20(按照要求进行交接班,少一项扣2分)	
设备操作	20(按照要求进行操作,少一项扣3分)	
巡回	20(按照要求进行巡回,少一项扣3分)	
机前、机后接头,落纱、换条	20(按照要求进行巡回,少一项扣3分)	
质量把关	20(按照要求进行质量把关,少一项扣3分)	
姓 名	班 级 学 号	总得分

实训练习

在实训纺纱工厂进行粗纱机的操作。

◉ 知识拓展

一、粗纱操作的测定及技术标准

测定工作的目的是为了分析操作情况,交流操作经验。在测定过程中,要严格要求,测教结合。通过测定分析,肯定成绩,总结经验,找出差距,不断提高生产水平与技术水平。

1. 操作评级标准

(1)单项评级标准(表3-5-5)

表 3-5-5 单项评级标准

优 级	一 级	二 级	三 级
100~99分	<99~97分	<97~93分	<93~86分

(2)全项评级标准(表3-5-6)

表3－5－6　全项评级标准

优 级	一 级	二 级	三 级
100～98分	＜98～96分	＜96～92分	＜92～86分

全项得分＝100－各项扣分－工作量扣分

全项测定时间：60min（2台车）。

2. 单项操作测定

（1）单项测定每项测定2次，取好的一次记成绩。

（2）测定机前接头10个，机后棉条包卷10个。

（3）以手触棉条起计算时间。

（4）测定速度：手包卷时，棉为65s，涤为90s，机前接头为180s。

（5）质量标准：手包卷一个不合格，扣1.5分。

3. 全项操作测定

（1）测定时间为2台车60min。

（2）工作量满分为80分，超额完成不加分，少做1项工作量扣0.1分，必须完成的工作量少做1项扣0.5分。

（3）巡回扣分标准见表3－5－7。

表3－5－7　粗纱值车操作测定分析表

班次	姓名		车号		开始时间	年	月	日		结束时间	年		月	日

单项测定	项　目	机前接头		机后接头		级　别		
		速度	质量	速度	质量	全项得分		
	速度、质量扣分					单项得分		
						备　注		

工作量评分标准			操作扣分标准			
工作项目	评分标准	单位	扣分项目	扣分标准	单位	扣分
巡回时间			走错巡回	1	次	
机前接头（筒）	1	个	超过时间	0.5	次	
机前接头（复）	2	个	挖破棉条	0.5	个	
机后包卷	1	个	人为断头	1	个	
处理飘头	1	个	脱头	0.5	个	
处理锭壳挂花	1	次	倒包头	2	个	
捋锭壳花	6	台	开车断头	0.5	次	
揩前后车面	4	台	双飘头	1	个	
换棉条	1	桶	换高棉条	0.2	桶	
揩上下龙筋	1.5	台	桶口拖尾巴	0.2	个	
揩高架	10	次	漏疵	0.5	个	

工作量评分标准						操作扣分标准			
工作项目	评分标准	单位				扣分项目	扣分标准	单位	扣分
卷胶辊	1	块				人为疵点	1	个	
运满桶	0.2	台				清洁工作漏项	0.5	项	
扫地	2	台				不执行三先三后	0.5	次	
送空桶	0.2	台				白花不拾	0.5	次	
拿吸风花	0.2	台				分段不好	0.5	次	
掉前车脚	2.5	台				吸风不挖	1	次	
掉后车脚	4	台				违反操作	5	次	
揩后车芯轴	4	台				工具不清洁	0.5	次	
						包卷动作不对	0.1	次	
						人为空锭	1	次	
评 语									

二、粗纱工序常见纱疵及预防措施

粗纱工序常见纱疵及预防措施见表 3 – 5 – 8。

表 3 – 5 – 8 粗纱工序常见纱疵及预防措施

序号	纱疵名称	产 生 原 因	预 防 措 施
1	条干不匀	1. 罗拉加压不良, 运转不良 2. 喂入棉条条干不匀 3. 绕胶辊, 绕罗拉 4. 粗纱捻度不对 5. 集束器损坏	加强机械检查维修, 加强运转巡回
2	松纱、烂纱	1. 粗纱捻度过小 2. 成形密度不足 3. 温湿度控制不当 4. 压撑绕数不对	合理制定工艺, 正确控制温湿度, 加强运转巡回
3	冒头、冒脚纱	1. 意外伸长过大 2. 运动龙筋动程不对 3. 筒管底部有缺陷	调整运动龙筋动程, 更换筒管
4	断头增多	1. 牵伸罗拉、集束器、锭翼有故障 2. 加压不良, 张力不当	加强机械检查与维修, 正确调试

序号	纱疵名称	产生原因	预防措施
5	油污纱	1. 设备加油过多 2. 油手接头 3. 熟条加入油污,粗纱落地粘油	设备加油要适当,杜绝油手接头,熟条、粗纱不落地
6	飘头纱	1. 设备故障 2. 锭翼通道不光滑 3. 相对湿度过大	加强机械检查与维修,正确调试,更换不合格零件,调整好温湿度
7	纱条过紧	1. 牵伸部位不正常,胶辊缺油 2. 喂入棉条过重 3. 压撑绕数过多	加强机械检查与维修,及时调换损坏零件,严格执行操作法

任务 6　细纱设备的操作

● 学习目标 ●

1. 能进行细纱设备的操作;
2. 能对细纱生产过程进行质量把关。

◎ 任务引入

纱线生产需要纺纱各工序的良好配合才能完成,细纱是纺纱中最关键的工序,其操作是否规范,直接影响细纱的质量。

◎ 任务分析

细纱设备的主要任务是牵伸,并施加足够的捻度,以使细纱获得客户需求的强度,卷绕时应使卷装良好,为了获得较高质量的细纱,需要规范细纱设备的操作。

◎ 任务实施

一、交接班工作

交接班是生产员工的第一项工作,要作好此工作,交接双方提前15min对岗开车交接,交班者以主动交清为主,接班者以检查为主,做到相互合作又分清责任。交接班工作内容及要求见表3-6-1。

表 3 - 6 - 1　交接班工作内容及要求

内　　容	重　点	要　　求
1. 机台和台面	彻底清洁	按清洁进度表
2. 生产情况	1. 前后供应平衡	按生产平衡要求
	2. 工艺变更	机台落实
	3. 平揩车	填写停台时间
	4. 空锭	不允许人为空锭
	5. 转批情况	批号、线密度清楚、准确
3. 设备情况	1. 坏机	原因清楚
	2. 流动风机	吹、吸风清洁效果好
	3. 胶辊、胶圈是否完好	胶辊无钩伤,胶圈无破损

二、设备操作

1. 开机前准备工作

(1)检查机头是插"正常"或"维修"牌。

(2)检查机台是否符合工艺要求。

(3)关好机门。

(4)确信机台机电正常。

(5)机台彻底清洁干净。

(6)按工艺和生产要求上粗纱、钢丝圈,插好细纱管,将粗纱条引出穿过导纱杆喂入喇叭口,粗纱经过喇叭口进入牵伸部件。

2. 开机操作要点及注意事项

(1)将机台总开机键推至"I"。

(2)拉开机头安全钮,红灯闪动。

(3)开机前打 V1 + V2 档,机尾挂黄牌(挑纱脚牌)。

(4)隔一段距离将机台的摇架按下 2 个(隔 3 个机台支架)。

(5)将机台罗拉座的粗纱绕好(以免粗纱绕罗拉)。

(6)确保机台两边人员安全再按绿色开机键。

(7)生头完毕,开流动风机(检查流动风机是否与邻机台风机一齐走)。开机后 1h 开始摘纱分段(每台分 4 段,19.4tex 或以上摘 4 个,19.4tex 以下摘 6 个)。每次摘纱的间隔时间根据品种不同而不同。如此类推,直至摘完纱,正常换粗纱。分段或换粗纱都应严格使用对应粗纱。每摘 1 个粗纱或更换 1 个粗纱都要接头,接头做到动作简单、连贯、正确,接头质量好。拔管时用左手将管纱拨出,右手拇、食指将管纱纱条引出(小纱从底部引出,大、中纱从顶部引出),一般不超过 5 个锭子。纱条引出后,右手立即将纱条挂入钢丝圈并套入气圈环,用右手食指抬起叶子板,左手立即将管纱插入锭子底部,左手将纱条绕入导纱钩扶住纱条,右手卡头(卡头在右手食指第一关节中间,长度在 16 ~ 22mm)立即对准前罗拉中上部须条进行接头,接头力度要轻巧。

(8)V1 + V2 档是机台速度从低速变为高速。

(9)检查机台锭位纱线质量情况(如是否出硬头,满管纱是否起毛等)。

3.值机过程要点

(1)转班时将机台产量箭头指向 A(甲班)、B(乙班)、C(丙班)。

(2)当班对应的产量以"m"为单位。

(3)机台亮黄灯时,准备落纱(做好落纱前的准备工作)。

(4)待红灯闪动时,落纱工开始落纱(落纱时将划粉记的满细纱管用涂黄色油漆的纱箱装好。与没划粉记的满细纱管分开放,并擦干净钢领板上的粉记)。

(5)开机后将断头锭位重新划记号生头,生头完毕将满细纱管推出细纱机行道。

(6)交接班做到对"口"交接,交班者主动交清机台运转情况,交清粗纱分段、机台清洁及平、揩车等情况,接班者要提前 15min 进入车间。做好机台的检查工作。

(7)一般情况下,挡车工值机 2 台,按操作法要求做好机台清洁工作。

(8)按挡车工、落纱工清洁进度表做好机台清洁工作。

(9)按照车间的各项规章制度及安全操作法做好各项工作。

4.停机要点及注意事项

(1)停机按红色停机键。

(2)中途停机要停在满管纱顶端(即钢领板向上时停,以预防起毛纱,停机不超过30min)。

(3)大清洁的停机清洁需要隔 20min 左右开机转动胶辊 1min。

(4)停机后(指不用开机的),及时将机上摇架全部卸压。

(5)长时间停机关总电源,按下机头安全钮。

(6)处理好机上粗纱。

三、全面操作

1.巡回工作

巡回工作应及时发现问题,预防事故发生,有效地提高产品质量及生产效率,使生产顺利进行。

挡车工值机巡回时应做到"三性"(计划性、灵活性、主动性),并应掌握巡回时间(1.5 台机在 7~10min 内,2 台机在 7~13min 内,2.5 台机在 8~14min 内等),并将换粗纱、接头、清洁(做到"二防",即防止人为疵点及人为断头)及防捉疵工作灵活运用到各个巡回中。翻改品种时,一定要按工艺要求更换有关部件,清理旧批的粗纱管、细纱管,试纺合格才能开机纺纱。

2.巡回路线及要求

(1)采用单面巡回和双面照顾的方法。按一定规律看管车道,同时照顾 2 台车两面的断头等情况。

①看管 3 条及以下车道的巡回路线,如图 3 - 6 - 1 所示,第二个巡回反方向走。

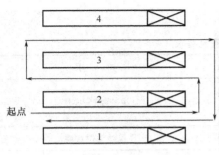

图 3 - 6 - 1　看管 3 条及以下车道的
巡回路线

②看管 4 条车道的巡回路线,如图 3 - 6 - 2
所示。

③看管 5 条车道的巡回路线,如图 3 - 6 - 3 所
示,第二个巡回反方向走。

④看管 6 条、7 条、8 条车道……以此类推。

(2)遇邻车正在落纱和小纱断头过多时,可以
进行一次反巡回。

(3)巡回中一般不后退。但遇紧急情况(如飘
头、缠罗拉、缠胶辊等)可退回处理。

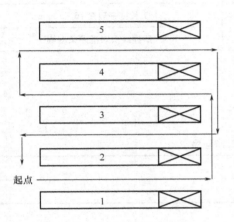

图 3 - 6 - 2　看管 4 条车道的巡回路线

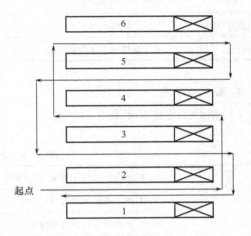

图 3 - 6 - 3　看管 5 条车道的巡回路线

(4)执行巡回"五看"。

①进车弄全面看,看清车弄两面的断头情况。

②出车弄时回头看,看清断头情况。

③跨机弄顺带看,发现飘花立即进行处理。

④车弄中分段看。

⑤清洁、接头周围看。

3. 接头

(1)接头操作规范:

一好:质量好。

一稳:插管稳。

二准:接头准,卡头长度准。

二短:引纱短,提纱短。

三结合:插管、绕导纱钩、掐头交叉结合。

四快:拔管快,找头快,挂钢丝圈快,绕导纱钩快。

（2）接头的步骤及要求见表3－6－2。

表3－6－2　接头的步骤及要求

步　　骤	重　　点	要　　求
1.拔管	以左手中指为主,无名指、小指为辅握住纱管拔出	拔管要轻,要快
2.找头	用右手拇指、食指捏住纱头,将纱条引出	寻找纱头位置要快
3.引纱	小纱由纱管底部引出,大中纱由纱管上部引出	在不影响插管与提纱的情况下,尽量缩短引纱长度
4.挂钢丝圈	右手食指带出钢丝圈并用指尖紧扣钢丝圈	双手基本保持水平
5.插管	稍稍用力垂直插下	不高管
6.绕导纱钩	与卡头同时进行	卡头长度一般在16～22mm
7.接头	右手食指向上方微微轻挑	所捏纱头对准须条右侧

4.落纱工作法

（1）落纱工作程序见表3－6－3。

表3－6－3　落纱工作程序

1.落纱前的准备	1.停流动风机于机尾(在空调吸风口外)
	2.携带落纱箱进入规定的车弄
	3.检查筒管箱内清洁情况
	4.消除影响断头、飞花及空锭的情况
	5.检查落纱地点的情况
	6.落纱前,将对应的细纱管及纱箱(有油漆1个/人,没油漆2个/人)摆放在机台上,做好准备
	7.准备落纱
2.基本操作	1.抓管
	2.拔纱
	3.插管
	4.生头
3.具体内容	落纱时将有生头划粉笔记号的管纱放在有油漆记号的箱内,无标记的管纱放在另外2个纱箱内。落完纱后开机,将原有的粉笔标记擦掉,重新对生头锭划粉笔。生头时,要将纱管上的回丝清干净,左手用拇指、食指捏住纱条(近纱头处),右手用拇指、食指捏住纱条拉直挂入钢丝圈并套入气圈环,待纱条进入筒管成戒指纱后松开左手,右手将导纱条绕进导纱钩内,接着卡头对准罗拉中上部须条右侧接头,接头力度要轻巧。待所有断头锭位生完头后,将机台上已落下的管纱推出机弄并摆放整齐,由运纱工运到下一工序。整台机生头则不用划粉笔标记,而在机尾挂黄色挑纱脚牌

（2）落纱基本操作动作要点见表3－6－4。

表 3 - 6 - 4　落纱基本操作动作要点

基本操作	动 作 要 求
1. 抓管(左手、右手)	1. 下手轻,抓得稳,排列有规律,动作快,次数少
	2. 筒管抓在手中,用力要适当
2. 拔纱、甩纱	1. 下手轻,抓得紧
	2. 拔纱时注意纱条的位置
	3. 拔纱时管底离锭尖要近
	4. 管纱拔起时,略向怀里倾斜
	5. 拔纱时要求同时拔出 2～3 只,紧接着插管、压管、拉断甩纱
3. 插管	1. 插管有次序
	2. 插管送到底
	3. 要求稳、准、快,无空锭
4. 生头	左右手拇指、食指捏住纱条配合挂钢丝圈,左手将纱头由左向右绕半圈,待绕纱成戒子状时,右手绕导纱钩卡头,对准须条接头

四、单项操作

单项操作是值车工的基本功,是整个操作法的基础,单项操作要求速度快,动作准确,操作质量好。细纱单项操作有接头和换粗纱两项。

1. 接头

接头步骤及方法见表 3 - 6 - 5。

表 3 - 6 - 5　接头步骤及说明

序号	名　称	简　图	接头方法
1	拔管	小管	左手拇、食、中三指握住纱管的中上部向上拔 操作时先垂直,后偏左倾斜,避免顶翻叶子板
		大管	左手拇、食、中三指握持纱管,向上拔。同时右手拇指与四指将纱管托起 操作时先垂直,后偏左倾斜,避免顶翻叶子板

序号	名　称	简　图	接头方法
2	寻头		左手拿纱管,右手拇、食两指寻找纱头,将纱头边加捻,边引出拉长
3	引纱	小纱 长度280mm	小纱从纱管下部引出,纱头绕在右手无名指第一节槽中
		大纱 长度250mm	大纱从纱管顶端引出,纱头绕在右手无名指第一节槽中
4	套钢丝圈	60° 20°	右手食指尖扣住钢丝圈向外开口。拇指尖顶住纱条套入钢丝圈
5	插管		左手拇、食、中三指握住纱管中上部,从倾斜到垂直,插向锭子。注意用力应较重,防止跳管

序号	名　称	简　图	接头方法
6	提纱		右手手心向下,中指第一节向上提纱,高度250~300mm
7	套导纱钩		左手食、中指抬起叶子板45°。右手将纱条套入导纱钩,把纱条挑在食指第一节中部
8	掐头		右手食指与无名指平齐,绷紧纱条,中指第一节用力向前弹,断头长16mm左右
9	接头		右手拇、食指掐住纱头,送入罗拉中部。食指向上轻挑,拇指松开,利用锭子转动,纱条自然加捻、抱合

2. 换粗纱

换粗纱的步骤及方法见表3-6-6。

表3-6-6　换粗纱步骤及说明

序号	名　称	简　图	换纱方法
1	换粗纱		右手取下老纱管,左手换上新纱管
2	退纱		左手握着纱条连续转动,并向上移动。右手先左右移动,后顺时针转动,将纱条退出
3	寻头		将退出的纱条放在左手掌中,右手寻纱头
4	退捻		左手中指、无名指夹持纱条,右手拇、食两指将纱条退捻转动

续表

序号	名　称	简　图	换纱方法
5	分丝		两手拇、食两指将纱条均匀分丝成带状
6	拉鱼尾形	30mm	右手拇、中两指夹住纱条向上平拉,丢去废条,左手中留下"鱼尾形"
7	放新条		右手将新纱条引出,放在左手食、中两指间
8	拉笔尖		右手拇、食两指顺时针捻半圈,向上拉出笔尖形,丢去左手废条

序号	名　称	简　图	换纱方法
9	搭头		右手将新纱管的笔尖形放在"鱼尾形"上
10	包卷		右手食指第二节与拇指夹持纱条,自左向右包卷
11	回捻		右手中指尖与拇指将纱条回捻,左手配合
12	盘粗纱		将左手掌中留下的老纱条盘在新纱管上

五、质量控制

1. 质量把关工作

细纱工序员工必须熟练掌握前工序疵品类型、本工序疵品的产生原因以及预防方法。常见细纱疵点的产生原因及预防措施见表3-6-7。

表3-6-7　常见细纱疵点的产生原因以及预防措施

疵点名称	产 生 原 因	预 防 措 施
1. 紧捻纱	1. 喂入双根粗纱或喂入捻度过大的粗纱	巡回时注意检查粗纱质量,拉去过粗的粗纱
	2. 接头时,右手拉纱条,左手剥胶辊花,由于锭子高速回转造成一段紧捻	接头时动作要快,禁止一手接头,一手撕花
	3. 用错粗纱	注意不要换错粗纱
	4. 粗纱缠后罗拉	用钩刀钩去
	5. 换粗纱搭头	不要搭头
	6. 粗纱未穿过喇叭口	检查是否穿过
	7. 铁辊缺油	注意胶辊运行状态,及时换掉缺油胶辊或坏胶辊
2. 弱捻纱	1. 粗纱不良	巡回中注意粗纱质量,拉去有质量问题的粗纱
	2. 锭子刹车胶凹入	通知保全更换
	3. 锭子晃动	通知保全更换
	4. 龙带张力轮故障	通知保全更换
	5. 工艺齿轮用错	测试合格才能开机
	6. 钢丝圈偏轻	及时更换
3. 毛羽纱	1. 钢丝圈过轻	及时更换
	2. 断头后飘附邻纱	保证吸棉管吸力正常
	3. 钢领衰退,钢领和钢丝圈配合不当	及时处理钢领或更换钢领
	4. 相对湿度太低	调整车间温湿度
	5. 剥胶辊花时白花附入	小心处理白花,严防附入纱条
	6. 歪锭子	找保全维修或及时更换锭子
	7. 钢丝圈起槽	个别的更换,数量多则报告班长
4. 粗结纱	1. 清洁工作不良	做好清洁工作
	2. 胶辊两端以及小铁辊两端不清	保持胶辊两端清洁
	3. 喇叭口堵塞,产生意外牵伸	巡回中及时清除粗纱疵点及喇叭口积花
	4. 上下胶圈积花	及时做好胶圈清洁
	5. 未清除锭子缠有的飞丝,回转不良	及时清除锭子上的回丝
	6. 粗纱交叉喂入或换粗纱搭头	按标准换纱,禁止粗纱搭头纺纱
	7. 接头不良	努力提高接头水平
	8. 粗纱条干不匀	改善粗纱质量(前纺)

疵点名称	产 生 原 因	预 防 措 施
4.粗结纱	9.胶圈表面有凹凸	检查胶圈运转情况
	10.胶圈厚薄软硬不一,回转不灵活	及时检查处理
	11.胶辊歪斜,加压不良	及时报告,通知保全维修或更换
5.油污纱	1.粗纱有灰花或油花	拉去有油污的粗纱
	2.清机时飞花附入纱条	做清洁时防止飞花附入
	3.牵伸部分不清洁,飞花附入	注意牵伸部分的清洁
	4.用油污手接头	不允许
	5.钢领上涂油	用抹布抹干净
	6.细纱管掉地碰到油污造成油污纱	细纱管不要掉在地上
6.冒头纱	1.自动落纱开关失灵	找电工维修
	2.拔纱用力过大将纱拔毛	用力适当
	3.同台筒管高低不平	及时报告
	4.钢领板高低不平	及时报告
7.冒脚纱	1.落纱后起纺位置过低	及时报告
	2.落纱后违章摇低纱脚	不允许
8.长片段偏粗纱	1.空粗纱、粗纱尾巴落在相邻粗纱上,造成双根喂入	加强巡回,防止空粗纱,发现尾巴纱或双根喂入要及时处理
	2.换粗纱时粗纱头带入邻纱,或换粗纱搭头太长	严格执行操作法,搭头长度符合标准
	3.细纱断头飘入邻纱	及时接好断头,拉清飘头纱
	4.后罗拉绕粗纱	加强检查,及时纠正
	5.导纱动程太大,粗纱跑偏	及时通知维修人员解决
9.条干不匀	1.罗拉弯曲、偏心,罗拉轴承跳动	加强机械检查,及时维修
	2.胶辊偏心,胶辊芯缺油	加强机械检查,及时维修
	3.牵伸齿轮啮合不良或偏心	加强机械检查,及时维修
	4.胶圈脱胶、损伤	加强机械检查,及时维修
	5.胶圈销脱出,胶圈绕花	及时调换,及时纠正
	6.胶圈走偏	调整位置
	7.绕胶辊严重,造成同档胶辊的邻纱加压不良	绕胶辊后,拉清邻纱上的不良细纱
	8.车间相对湿度较低,有静电,产生粘纤维	及时调整相对湿度
10.竹节纱	1.胶辊严重缺油	加强检查,及时加油或调换
	2.胶圈运转不灵活,胶圈内嵌飞花	加强检查,及时处理
	3.细纱断头,吸棉笛管堵塞,须条飘入邻纱	加强巡回,拉清飘头纱
	4.导纱动程不良,粗纱跑偏	发现不良,及时通知维修

疵点名称	产　生　原　因	预　防　措　施
11.毛头毛脚纱	1.钢领板位置太高或太低	及时调整钢领板位置
	2.筒管高低(锭子上有回丝)	清洁干净锭子回丝
	3.筒管插不到底(筒管内或锭子上有回丝,筒管眼与锭子不配套)	清理筒管内、锭子上回丝,剔拣不配套锭子
	4.不执行落纱时间	严格执行落纱时间
12.碰钢领	1.钢丝圈太轻	合理使用钢丝圈
	2.锭子缺油	加强机械检查,加油
	3.锭带松弛	及时修理
	4.野格林纱(重纱)	捉清野格林纱
	5.跳筒管	拣去坏管,执行落纱拔筒管的方法(中途拔管接头时,必须先掀刹车器,静止锭子后,再拔筒管)
	6.洋脚扎煞	及时关车通知修理
13.脱圈纱	1.钢领板升降动程及速比不正常	合理调整工艺
	2.成形桃盘磨损,钢领板升降不正常	加强机械检修
	3.钢丝圈太轻	及时调换钢丝圈
	4.跳筒管	剔除坏筒管,执行落纱掀筒管
14.错支	错粗纱,前纺错条子	提高质量意识

2.清洁进度

(1)挡车工清洁进度见表3-6-8。

表3-6-8　挡车工清洁进度表

清洁项目	时　间	工　具	标　准
喇叭口、吸棉管	随时清	小竹签	不堵塞
导纱杆		小手套	无积花,无绕花
钢领板			无挂花
胶辊颈、胶辊、胶辊芯、上皮圈	分段做	细竹签	无绕花,无积花
罗拉头、罗拉座			无挂花
摇架			
托架、托座			
前、后罗拉花	边巡回边清洁		无积花,无绕花
锭脚	刹车时清断头		无绕丝
吸风箱(吸风花)	落纱清,生完头清,逢整点清		吸风正常
钢丝圈清洁器	落纱清	细小竹签	无积花

清洁项目	时　间	工　具	标　准
地面、机弄、吸风口	随时清	竹签、扫把	无挂花，无积花
停台	按清洁进度表要求进行清洁		

注　1. 清洁交班(交班前30min完成)。

　　2. 每班要拖机底，1台/天(循环进行)：

　　　甲班1～10号，乙班11～20号，丙班21～30号。罗拉座、托架、托座、摇架、钢丝圈清洁器各班清三分之一。

(2)落纱工清洁进度见表3－6－9。

表3－6－9　落纱工清洁进度

清洁项目	工　具	标　准	时　间	备　注
粗纱管脚	线手套		随时清	
叶子板	短竹签	无挂花	接班后4h内清	清粗纱颈、吊锭架、隔纱板、叶子板、升降杆，每班每台清$\frac{1}{3}$。 甲：1～324锭，乙：325～676锭，丙：677～1000锭
粗纱颈、吊锭架	长竹签			
隔纱板、升降架	短竹签			
机台支架	长竹签			
车肚	长竹签	无挂花	交班前4h内清	
机脚	竹签			
车底	长竹签			
刹车锭掣	短纱扫			
机头、机尾、回花桶	纱扫	保持干净	无积花，无积尘	
落纱箱、筒管箱	毛扫	整齐	每落纱一次	
绒辊颈	线手套	无绕花，转动灵活	每班一次	清绒辊颈、龙带盖内侧。 甲：1～10号 乙：11～20号 丙：21～30号
锭脚	小钩刀	无绕丝	落纱、生头清	
龙带盖内侧	纱扫、竹签	无挂花	停机清	
停台	按清洁进度表要求进行做清洁			

注　按清洁制度表排列顺序进行清洁。

◉ 考核评价

表3－6－10　考核评分表

项　目	分　值		得　分
交接班	20(按照要求进行交接班，少一项扣2分)		
设备操作	20(按照要求进行操作，少一项扣3分)		
巡回	20(按照要求进行巡回，少一项扣3分)		
接头、换粗纱	20(按照要求进行巡回，少一项扣3分)		
质量把关	20(按照要求进行质量把关，少一项扣3分)		
姓　名	班　级	学　号	总得分

实训练习

在实训纺纱工厂进行细纱机的操作。

◉ 知识拓展

测定工作的目的是为了分析操作情况，交流操作经验。测定过程中，应严格要求，测教结合。通过测定分析，肯定成绩，总结经验，找出差距，不断提高生产水平与技术水平。

一、操作评级标准

（1）单项评级标准见表3－6－11。

表3－6－11　单项评级标准

优　级	一　级	二　级	三　级
100～99分	＜99～96分	＜96～93分	＜93～90分

注　单项评级标准包括接头、换粗纱两项内容。

（2）全项评级标准见表3－6－12。

表3－6－12　全项评级标准

优　级	一　级	二　级	三　级
100～98分	＜98～95分	＜95～91分	＜91～85分

表3－6－12得分是全项测定和单项测定合计得分。接头速度每慢0.1s扣0.01分，每快0.1s加0.01分。

二、单项操作测定

1. 接头

（1）接头后的质量要求按样照评定，每个白点或细节扣1分，评定时接头黑板一律背光、平放、直看，不得转动纱条。

（2）接10根头的时间要求见表3－6－13。

表3－6－13　接头要求

纱管规格	纯棉50～10tex(12～60英支)	纯棉10～7tex(60～80英支)	中长纤维
8英寸管	38s	43s	46s
9英寸管	40s	45s	48s

注　1英寸＝2.54cm。

2. 换粗纱

连续包卷粗纱5个为测定标准。

(1)换粗纱的产品质量要求。粗纱包卷后,将纺出的细纱拉在黑板上检验,一项质量不合格扣 1.5 分,上、下部断头每个扣 1 分。

① 粗节:以双根粗纱喂入作标样,粗于原纱 1 倍,长度 50mm 两处或 100mm 一处。

② 细节:细于原纱 1/2 倍,长 100mm 以上。

③ 竹节:按接头样照评定。

④ 量取方法:粗细度以开始粗细的地方量起至恢复正常粗细为止,最粗的地方粗于原纱 1 倍即算。

(2)换粗纱的操作质量要求。

①测定中在非包卷处断头或细纱断头,时间照算,质量另补(不算操作质量问题),如因操作不良,在非包卷处造成邻纱上下断头,每个扣 0.2 分,出现人为纱疵,每个扣 0.2 分。

②测定包卷后,手离开纱条,不能向下拉动,拉动一个扣 0.5 分,包卷后纱条过长,拥进后罗拉无法查质量,算人为断头,另补质量,不计时间。

③第五个粗纱包卷后,粗纱头未拿清,每次扣 0.1 分。

(3)换粗纱的时间要求。纯棉、混纺均为 25s/5 个。换粗纱的时间每超过 0.1s 扣 0.01 分,质量全好时,每快 1s 加 0.01 分。

三、全项操作测定

1. 测定时间

统一为 1h,但所测机台必须经过落纱,落纱后的小纱测定时间不得少于 15min(落纱不少于 1 台)。

2. 测定机台数

纯棉 4.5 台,混纺 5.5 台。

3. 巡回工作

(1)巡回路线:按规定路线走巡回。

(2)巡回测定扣分。

①巡回时间:每超过标准时间 10s 扣 0.1 分,不足 10s 不扣分,以此类推。遇落纱拉车肚,每台要在标准时间上增加 30s。

② 回头路:超过 42 锭又回头,每次扣 0.2 分。遇紧急情况,如飘头、跳筒管等例外。正常换粗纱,车底没有备用粗纱,到超过 42 锭以外取纱,称回头路。因捉粗纱疵点,须摘下粗纱,车底没有备用粗纱,而到 42 锭以外取纱不称回头路。

③ 目光运用:进出跨车道不执行"五看",即进车道全面看,出车道回头看,换纱、接头周围看,跨车道侧面看,对面车道兼顾看,每次扣 0.5 分。

④ 三先三后:不执行三先三后原则,即先易后难,先紧急后一般,遇并列断头先右后左,每次扣 0.2 分。

4. 接头

(1)空头。接头动作完成后未接上头称空头。

空头扣分 = 空头率 ×0.05。

（2）接头白点。允许将白点打断重接，抽查接头质量要按样照评定，每人抽查 5 根，每个白点扣 0.5 分。

（3）人为断头。因值车工操作不良造成的断头称人为断头。接头后随即断掉并打断邻纱者，按自然断头计数。人为断头每个扣 0.2 分。

（4）漏头。值车工走过未接的头称漏头，每根漏头扣 0.2 分。

（5）牵伸部位不正常。接头前值车工应查看牵伸部位，一个部件不正常扣 0.2 分。

5. 换粗纱

（1）实换粗纱。实际补换粗纱的个数，每个加 3 个工作量。

（2）摘粗纱。整理宝塔分段摘下的筒脚空粗纱和捉粗纱疵点所换的粗纱。合理摘粗纱可计工作量，每个加 2 个工作量。

（3）空粗纱。粗纱条来不及正常包卷称空粗纱，每个扣 0.5 分。

（4）粗细节。因换纱不良造成细纱条干粗细节，每个扣 0.5 分。

（5）脱断头。指换粗纱不良造成粗纱条上部脱开和下部断头，每个扣 0.2 分。

（6）分段超过范围。换粗纱超过 24 锭的，每个扣 0.1 分。

（7）粗纱表面飞花。换粗纱时不摘去或摘不清飞花，每个扣 0.2 分。

6. 清洁工作与工作量折算

（1）必须首先做好笛管、打擦板、胶辊胶圈、车肚、车面、喇叭口、罗拉颈、地面的清洁工作。

（2）因清洁工作不彻底造成的断头计人为断头，造成的纱疵计人为纱疵，每个扣 0.2 分。

（3）清洁工作完成后，抽查发现车面飞花、吸棉管堵塞等问题，每个扣一个工作量。

（4）在清洁工作中做到五不落地，即回花不落地、粗纱头不落地、回丝不落地、成团飞花不落地、管纱不落地。每个落地扣 0.1 分。

（5）各项清洁工作中，以折筒头个数计算工作量，标准和要求见表 3 - 6 - 14。

表 3 - 6 - 14 清洁项目及要求

清洁项目	数量单位	工作量（个）	要　求
笛　管	面	3	
打擦板	面	2	洋元每面每次 2 个工作量
卷胶辊	4 锭	1	
车　面	面	6	罗拉座与车面板做其中一项
喇叭口	面	3	
拉风箱花	台	4	
罗拉颈	面	10	罗拉两边与罗拉颈
导纱杆	面	2	
地　面	车道	2	

7.防疵捉疵

(1)分散疵点 3 处或粗纱大疵点 1 处,2 个巡回未捉,每个扣 0.2 分。

(2)吸棉管堵花每个扣 0.1 分。

(3)人为纱疵每个扣 0.2 分。

(4)连续 3 次以上断头不查原因,每锭扣 0.1 分。

(5)不及时处理坏纱每个扣 0.2 分。

(6)绕胶辊、绕罗拉后不打断邻纱,不倒尽条干不匀的纱就接头,每个扣 0.5 分。

(7)拿掉大铁辊不打断邻纱每次扣 0.5 分。

四、计算方法

1.计算工作量

(1)简单头每个计 1 个工作量。

(2)复杂头每个计 2 个工作量。

(3)换补粗纱每个计 3 个工作量。

(4)摘粗纱、穿空粗纱每个加 2 个工作量。

(5)凡规定的清洁项目,数量没做完,又做其他的清洁或重复的清洁工作,一律不计工作量。

2.工作量标准

纯棉 4.5 台计工作量 240 个,混纺 5.5 台计工作量 280 个。每少一个工作量减 0.01 分,每加 2 个工作量加 0.01 分。

3.空头率

$$空头率 = \frac{空头数}{总实接头数} \times 100\%$$

$$总实接头数 = 简头数 + 复头数$$

4.计算要求

空头率保留一位小数,各项计分保留 2 位小数。秒数保留一位小数。

5.测定成绩计算

$$总得分 = 100 \pm 单项操作计分 \pm 巡回操作计分 - 工作量总扣分 \times 1\%$$

6.细纱值车工操作技术测定表

细纱值车工操作技术测定表见表 3 - 6 - 15。

表 3 – 6 – 15　细纱值车工操作测定分析表

班次　　　　姓名　　　　车号　　　　年　月　日

测定项目	巡回路线					接头							换粗纱						
	巡回路线	回头路	路线走错	目光运用	三先三后	筒头	复头	空头	白点	人为断头	漏头	牵伸部件不正常	实换粗纱	摘粗纱	空粗纱	粗细节	脱断头	分段超过范围	粗纱表面有飞花
分评标准	-0.1/10s	-0.2/次	-0.5/次	-0.5/次	-0.2/次			—(空头率×0.05)	-0.5/个	-0.2/个	-0.2/个	-0.2/个			-0.5/个	-0.5/个	-0.2/个	-0.1/个	-0.2/个
工作量						+1/个	+2/个						+3/个	+2/个					
1																			
2																			
3																			
4																			
5																			
6																			
7																			
8																			
9																			
10																			
技术操作扣分																			
工作量　接头　速度	38s/10个																		
工作量　接头　质量	测10个头							-0.1/s	-1/个			扣分							
单项操作　换粗纱　速度	23s/5个																		
单项操作　换粗纱　质量	测5个头							-0.1/s	白点 -1.5/个 断头 -1/个			扣分							

注:"+"为加分　"-"为扣分

续表

测定项目	巡回路线					接头					实捉瓶	漏捉瓶	笛管眼堵花	人为纱疵	换粗纱		
	揩笛管	打擦板	扫地	卷胶辊、胶圈	拉风箱花	喇叭口	车面	罗拉颈	五不落地	抽查有毛病					连续断头不找原因	不及时处理坏纱	绕胶辊、罗拉、打断邻纱
测定评分标准	+3/面	+2/面	+2/道	+1/4锭	+4/台	+3/面	+6/面	+10/面	-0.1/次	+1/次	-0.2/个	-0.2/个	-0.1/个	-0.2/个	-0.1/锭	-0.2/个	-0.5/个
工作量																	
1																	
2																	
3																	
4																	
5																	
6																	
7																	
8																	
9																	
10																	
技术操作扣分																	
工作量																	
各项总计																	

总得分 = 100 ± 单项操作 ± 巡回操作 - 工作量扣分 × 1%

单项操作计分	
巡回操作计分	
工作量扣分	
总得分	

评语

任务7 络筒设备的操作

● 学习目标 ●

1. 能进行络筒设备的操作;
2. 能对筒纱的生产过程进行质量把关。

任务引入

纱线生产需要纺纱各工序设备的配合才能完成,筒纱是把细纱生产的管纱连接起来形成的,在生产过程中去除了有害的疵点,其操作是否规范,直接影响筒纱的质量。

任务分析

筒纱设备的主要任务是连接,并去除纱中的有害疵点,从而提供优质筒,为了获得较高质量的筒纱,需要规范络筒设备的操作。

任务实施

一、交接班工作

交接班是生产员工的第一项工作,要做好此工作,交接双方需提前15min对岗开车交接,交班者以主动交清为主,接班者以检查为主,做到相互合作又分清责任。交接班的工作内容及要求见表3-7-1。

表3-7-1 交接班工作的内容及要求

内　容	重　点	要　求
1.机台与地面	1.彻底清洁干净	按清洁进度表
	2.纱库、小车轮	不缠回丝
2.生产情况	1.前后供应情况	纱管不积压.机台效率达到要求
	2.平揩车	填写停台时间
	3.工艺变化	机台落实
	4.无错支、错管	每台机第一个纱库有2个纱管,其他纱库没有细纱管
	5.吸风箱回丝	拉干净
	6.机后、机尾坏管、坏纱包装袋	清理干净
	7.半截纱、机尾细纱管、筒脚纱	分清并整理好
3.设备	1.机后压缩气管	无脱落
	2.机件	无损坏,无掉失
	3.坏机、坏锭	做记录

二、设备操作

1.开机前的准备工作

（1）检查机台清洁情况。

（2）检查是否有吸风,是否有足够负压。

（3）确信机台机电正常。

（4）检查机上的纸管、筒管是否有错,管色与工艺牌是否相符。

（5）同一台机纺两个品种的,要重复检查纸管、筒管和分隔锭位是否有插错纱,分隔锭位是否符合要求。

（6）检查机台周围安全情况 。

2.开机操作要点及注意事项

（1）将电源推至"ON"位置,黄钮全部拉出,再按抽风键,电工按工艺要求进行八步调试,调试完毕,按下黄钮开机生头。

（2）平时交接班开机按抽风键即可,如黄钮拉出的要将其按下。如遇气压不足,机台亮红灯,待有气压时,先按"复位"键,再按"开机"键,即可开机。

（3）如发现某锭位的黄钮连续弹出或一齐接头,必须检查是否与电清、捻接器或细纱管不良等因素有关,及时反映问题。

3.值机要点及注意事项

（1）必须按工艺要求上车,将管纱插在备用纱库内。插纱时要将附在管纱表面的纱头拿起,并将管纱大端处纱尾拉断(长度不准超过5cm)对准纱库插纱,右手将管纱纱头朝纱库吸嘴部压下,利用吸风将纱头吸入,利用络筒机连续不断地纺纱。

（2）挡车工不断补充备用纱,换灯(满定长换灯时注意留纱尾,将纱条放入纸管叉位,纱头不准超过纸管大头径,纱尾留5～7圈),清洁(要注意纱条通道是否积花,纸管两端是否绕回丝等)并做好防捉疵及检查工作(是否用错纸管、插错细纱管等)。

（3）翻改品种时,一定要清除机台上旧品种的纸管、细纱管、细纱管、筒子纱等,并按工艺要求调整有关数据才能开纺。

（4）交班前30min 停机,边做清洁边记录当班产量,包括交班总个数及各锭长度,本班产量就是交班总个数 - 接班个数 + 本班各锭长度折成的个数,再按品种折成重量。

（5）检查锭位时将黄钮拉出,待筒子纱停稳后再做检查并注意:

①每台最多只能纺两个品种,两个品种间要有明显标志。

②电脑显示"9999"时不入数,交班个数加预计本班所纺个数将超"9999"时,在接班时提前消零。操作如下:按 HOME → SHFT → OP/PRT →⇩→ G/1 →/0 → ENTR(2 次)。

（6）锭位有故障,一定要及时反映。

（7）发现机台有多个锭位经常接头跳制的,或机台多次一齐接头时,要及时反映,重新调试八步。说明:络筒机的每个锭子都是单独传动、工作,当纱线断头或换纱时,总是要接头,若连续三次接头不成功,制动开关就会自动挑起,此锭位停,等待值车工来处理。

4.停机要点及注意事项

（1）交接停机清洁，先将黄钮拉出，用手轻按清纱器，再按开机键，流动风机、输送带同时停止运作。需停流动风机时，按流动风机键，需停输送带的，按"输送"键，再按一次则开。

（2）中途清洁，拉黄钮停锭，清机完毕按下黄钮，机台正常运作。

① 如遇急事，立即按停机键，全机立即停止运作。

②长时间（如大清洁、假期）停机需关总电源，开机前进行八步调试。

③ 按下停机键（红色），10s后指示灯熄灭即证实已停机。

④中途清洁、中途待纱，不必关闭总电源，以免影响电子清纱器的功能。

⑤中途待纱停机，拉出黄钮，打断纱条。

⑥交接班停机，按抽风机钮停机，将纱库内的纱管全部拔出（停吸风机、空调），然后打开风门手柄，清理全部回丝。

⑦非紧急情况不能按急停按钮，否则容易造成机电损坏。

三、全面操作

1. 巡回及要求

巡回工作的内容及要求见表3-7-2。

表3-7-2　巡回的内容及要求

项　目	重　点	要　求
路　线	采用单线往复巡回	根据锭速、线密度安排看锭数
巡　回	1. 插纱并补充备用纱	按要求完成。管纱表面无花丝
	2. 纱线通道飞花、回丝	及时清洁，无积花
	3. 宝塔管	保持两端不缠回丝或回丝附入筒子纱
	4. 机器运转情况	无异响、异味
	5. 筒子成形	良好，坏锭停开
	6. 纱线质量	不出现错支、双纱
	7. 黄按钮跳出	第一时间处理（需要空车除外）

2. 拾管

拾管工必须每天清理一次机尾的细纱管、空管箱。拾管的工作内容及要求见表3-7-3。

表3-7-3　拾管的工作内容及要求

内　容	要　求
未退绕的管纱、半截纱	处理后重新放在备用纱箱内
管脚纱	退绕，收空管
介子线、无法退绕的坏纱	收回介子纱管，另行处理
不同颜色的管	分开放

3. 落纱

落纱的工作内容及要求见表3-7-4。

表 3 – 7 – 4　落纱的工作内容及要求

步　骤	重　点	要　求
1. 满定长绿灯亮	锭子自停	停止再执行操作
2. 落纱	1. 左手取空管	查看有无坏管
	2. 右手卡断纱	拿住管纱那端的纱头
	3. 右手将纱头放于管的大端,左手将纱头压往"叉"位内,绕在管上	纱尾不能长于大管口直径
	4. 右手握住摇臂,往右扳开	使满筒子自动落到纱架上
	5. 左手将空管边和纱头夹在摇臂上,将摇臂复位	位置正确,纱头夹紧
	6. 左手将管顺时针转几转,留纱尾	使纱有一定张力且纱尾在 5 ~ 7 圈
	7. 放下摇臂	位置正确
	8. 按下开机按钮	绿灯灭,正常开机

4. 插纱

插纱的工作内容及要求见表 3 – 7 – 5。

表 3 – 7 – 5　插纱的工作内容及要求

步　骤	重　点	要　求
1. 准备	1. 用小车运纱于机弄内	叠放时不准超过 2 箱
	2. 将一箱管纱放于小推车上	位置正确
2. 拉纱头	1. 左手拿 2 ~ 5 个管纱(或右手)	管脚朝前,手指夹紧
	2. 右(左)手逐个纱地将纱尾扯干净	找出纱头,管脚不留纱尾
	3. 将纱头拿在手上	不要扯得太长(不超过 40cm)
3. 插管纱	1. 将管纱插入纱库中	每库位插一个管纱
	2. 右手将纱头放于纱库中心、压下中心轴,使吸嘴吸风	纱头完全吸入
	3. 纱库有管纱备用	每个纱库可插 5 个管纱

四、质量控制

1. 质量把关

(1)同一机台纺 2 个品种,机后的分隔板两边要注明线密度、纸筒颜色。

(2)同一机台纺 2 个品种,输送带上输出的回用细纱管要用 2 个箱分开装,由当班组长按品种回用于本机台。机尾要空 1 个锭。

(3)同一机台纺 2 个品种,必须在交界处至少空 2 个绽位或有明显分界标志,交界处的 2 个品种的第一锭位不能摆放备用纸管,近机尾要空一个锭位。

（4）同一机台不能纺 3 个品种。

（5）清纱器指示灯不灵或不亮的锭位,应及时停锭禁纺,机上筒子纱要返打,维修。避免造成纱疵的漏剪。说明:机上筒子纱要返打,是指由于担心在绕好的筒子纱中有一些纱疵,因为清纱器的原因没有查出,从而没有去除,因此,对筒子纱进行反向退绕,重新绕成筒子纱。

（6）剪刀不灵的锭位要停锭禁纺,机上筒子纱要返工,维修。避免造成双纱或漏纱。

（7）锭位反复连续接头超过 3 次,黄钮还没有弹出的,停锭写黑板,并检查纱管质量,进行维修。

（8）接头时黄钮弹出,应停锭并写黑板。

（9）吸乱纱的锭位要停锭维修。

（10）小吸嘴吸不到纱,应及时停锭并写黑板,以便维修。

（11）出现漏纱的锭位要及时写黑板。

（12）络筒转纸管时,要将槽筒上原有的纸管颜色擦净。开机后必须检查新纸管是否有刮纱的现象。

（13）要认真检查纸管是否符合要求,发现问题及时报告。

（14）机上锭位筒子纱留纱尾应将纱尾放入纸管开槽内,且纱头不能超过大管头直径。

（15）络筒纱盘备用纱管的纱尾不准超过 5cm（纱尾过长会影响打纱）。

（16）凡停机前 10min 换灯不用生头,避免造成多一个接头。

（17）生头后要检查纱线是否经过清纱器。

（18）各班最后一次清机前,必须将纱架上的筒子纱按要求落到包装工序。禁止一次运 2 个品种。

（19）交班前吹机清洁时,纱盘（除第 1 锭外）内不允许有细纱管,应全部装在箱内并盖好。

（20）吹机前,机上的筒子纱必须用纱锭袋套好,锭位上的纱管应拔出并放好,用布盖好备用纱箱的纱管,防止飞花附入。

（21）输送带退回的细纱管吹干净后才准再用。

（22）细纱管要执行先来先用的原则,并应定台供应,定点摆放。

（23）络筒插纱应将纱管表面飞花、回丝拾净。

（24）打返工纱时的锭位纱库禁止有备用纱管。避免出现双根纱的可能。保证引纱路线正确。

（25）落纱时,运输车不准有 2 个品种的筒子纱。

（26）加强巡回,发现纸管两端绕有回丝或回丝附入筒子纱要及时处理。回丝附入筒子纱要及时返工。

（27）空纱箱要保持清洁,不能有飞花、回丝、钢丝圈等。

（28）机后托板上的筒子纱纱尾,不准搭在筒子滑板和槽筒上。

（29）加蜡纺纱时应注意以下内容:

①有孔蜡过大或过小、蜡表面不平、蜡本身严重变形等质量问题的蜡都不准再使用。并应及时反映。

②使用过程中发现蜡不回转或转动不灵活要及时反映。

③笛管堵塞、蜡杆积花、蜡碎都要及时清干净。

2. 清洁标准

络筒清洁项目及标准见表3-7-6。

表3-7-6 络筒清洁项目及标准

项 目	工 具	标 准	备 注
握臂两侧	手、钩刀	停锭做 无积花,无回丝	清洁交班
捻接器周围	小竹签	无积尘	断头、换筒时做
纱条通道	竹签	无积花	
纱库周围	毛扫	无积花	结合巡回随时做
管纱小车板面	毛扫	无回丝	
输送带两侧的铁板	毛扫	无积花	
输送带回花、回丝	毛扫、手	无积花,无回丝	随时做
纱条通道	纱扫	无积花,无积尘	停机清洁
滑板两侧	纱扫	无积花	
落纱导板	手套	无积花	清洁交班
筒子架底板面	毛扫	无积花	
机后清纱器气管周围	毛扫、竹签	无挂花,无绕花	清洁交班,气管要绕好并离地,无挂花
流动风机及轨道	竹签	无积花,无回丝	
细纱管锭脚	竹签、毛扫	无积花,无回丝	停机清洁
机底、机后	扫把	无积花,逢整点清一次	
机头、吸风箱	纱扫、手	无积花	
机脚	钩刀、竹签	无积花,无回丝	
气管	手	随时做,无挂花	
地面	扫把	保持干净	

注 1.停纺的机台必须全面清干净才能开机。

2.用布、水清洗机台。夜班1～3号机,早班7～9号机,中班4～6号机。

3.每天要拖机底1台(循环进行)。甲班:1号、4号、7号,乙班:2号、5号、8号,丙班:3号、6号、9号。

要求:交班前0.5h,各机台先用气管吹后用竹签清理回丝。

停机清洁时间:早班:10:15 1:00 3:30

中班:7:00 9:00 11:30

夜班:2:30 5:00 7:30

◎ 考核评价

表 3 - 7 - 7　考核评分表

考核项目	分　　　值		得　　分
交接班	20（按照要求进行交接班，少一项扣 2 分）		
设备操作	20（按照要求进行操作，少一项扣 3 分）		
巡回	20（按照要求进行巡回，少一项扣 3 分）		
拾管、落纱、插管纱	20（按照要求进行巡回，少一项扣 3 分）		
质量把关	20（按照要求进行质量把关，少一项扣 3 分）		
姓　名	班　级	学　号	总得分

实训练习

在实训纺纱工厂进行开络筒机的操作。

参考文献

[1]《棉纺手册》(第三版)编委会.棉纺手册[M].3 版.北京:中国纺织出版社,2004.

[2]史志陶.棉纺工程[M].4 版.北京:中国纺织出版社,2007.

[3]郁崇文.纺纱系统与设备[M].北京:中国纺织出版社,2005.

[4]无锡纺织机械试验中心.FA 系列棉纺设备值车操作指导[M].北京:中国纺织出版社,2008.

[5]常涛.纺纱工艺设计[M].北京:中国劳动社会保障出版社,2010.